今すぐ使えるかんたん mini

Canon キヤノン

EOS R7

Digital single-le

完全

技術評論社

EOS R7の魅力

DATA レンズ RF-S18-150mm F3.5-6.3 IS STM モード 絞り優先AE 焦点距離 95mm 絞り F6.3 シャッター 1/200秒 ISO 5000 WB 太陽光 露出補正 +0.3

人物に対しては、瞳、顔、頭部、胴体での被写体検出が可能。瞳や顔が見えにくい場合も、AFが安定的にピントを合わせてくれる。

▶高度なAFシステム

EOS R7のAFシステムは、高速かつ高精度。非常にハイスペックなのが大きな特長だ。トラッキングを前提としたAFシステム「デュアルピクセルCMOS AF Ⅱ」に加え、フラグシップ機EOS R3にも採用されている「EOS iTR AF X」を搭載。高い被写体検出性能とトラッキング性能を組み合わせて、画面の広い範囲を使って被写体をとらえ続ける。被写体検出は人物、動物、乗り物に対応。最大5915ポジションのAFフレームが選択でき、AFエリアが全域のときは最大651分割の細密化したAFエリアが利用できる。

DATA
レンズ RF-S18-150mm F3.5-6.3 IS STM
モード 絞り優先AE
焦点距離 122mm
絞り F6.3
シャッター 1/200秒
ISO 125
WB オート(雰囲気優先)

動物は犬、猫、鳥の被写体検出が可能だが、この写真のようなほかの動物や昆虫などの小さな生きものにも一定の効果を確認できた。

DATA レンズ RF-S18-150mm F3.5-6.3 IS STM モード シャッター優先AE 焦点距離 150mm
絞り F8 シャッター 1/320秒 ISO 2000 WB 太陽光 露出補正 +0.3

動きの速いスポーツの撮影では、EOS R7によるAF精度のレベルの高さを実感できた。シーンに応じてAF追従性の変更も可能だ。

DATA レンズ RF-S18-150mm F3.5-6.3 IS STM モード シャッター優先AE 焦点距離 35mm
絞り F16 シャッター 1/20秒 ISO 100 WB 太陽光

走り去るバイクも優れた被写体検出とトラッキング機能によって、高精度にピントを合わせ続けながら流し撮りできた。

DATA
レンズ RF100-400mm F5.6-8 IS USM
モード シャッター優先AE
焦点距離 183mm
絞り F7.1
シャッター 1/1000秒
ISO 12800
WB オート(雰囲気優先)
露出補正 +0.3

電子シャッターを使い、最高約30コマ/秒で高速連続撮影した。こうした動きの予測できない被写体は、連写でしっかり記録したい。

▶メカシャッター時、最高約15コマ/秒の高速連続撮影

EOS R7はメカシャッター/電子先幕時は最高約15コマ/秒の高速連続撮影が可能だ。撮り逃したくない動体撮影で威力を発揮する。さらに、新開発CMOSセンサーとDIGIC Xにより、電子シャッター使用時は最高約30コマ/秒のAF/AF追従による高速連続撮影が楽しめる。

DATA レンズ RF-S18-150mm F3.5-6.3 IS STM モード シャッター優先AE 焦点距離 54mm 絞り F5.6 シャッター 1/500秒 ISO 2500 WB 太陽光 露出補正 +0.7

動き回る子どもはしぐさや表情をしっかり押さえたい。高速連写と瞳検出を有効にして、しっかりピントを合わせながら撮影した。

DATA
レンズ RF-S18-150mm F3.5-6.3 IS STM
モード プログラムAE
焦点距離 40mm
絞り F7.1
シャッター 1/125秒
ISO 100
WB オート(雰囲気優先)

美しい情景は低感度で高精細に撮影したい。最大約3250万画素による描写は、目を見張るほどの解像感で期待を裏切らない。

▶最大約3250万画素の解像度

APS-Cセンサーながら、有効画素数が最大約3250万画素を備えるEOS R7。映像エンジンDIGIC Xとの組み合わせで、APS-C EOS史上最高の解像性能を実現した。これらは高感度性能や高速連続撮影性能などにも大きな貢献を果たしている。EOS R7はAPS-Cならではの小型・軽量と高画質をバランスよく一体化させたカメラだ。

DATA
レンズ RF-S18-150mm F3.5-6.3 IS STM
モード 絞り優先AE
焦点距離 18mm
絞り F3.5
シャッター 1/60秒
ISO 640
WB 色温度(5200K)
露出補正 -0.7

日暮れ後の風景だが、暗部もつぶさずしっかり質感を表現できた。こうした階調表現の豊さもEOS R7で撮影を行う魅力の1つだろう。

DATA レンズ RF-S18-45mm F4.5-6.3 IS STM モード シャッター優先AE 焦点距離 45mm 絞り F6.3 シャッター 1/1000秒 ISO 32000 WB 白熱電球 露出補正 -0.3

ISO32000を利用し、動き回る水族館の魚を高速シャッターで撮影。高感度ながらとても高精細に魚の模様まで美しく描写してくれた。

▶常用最高ISO感度32000と8.0段の手ブレ補正効果

EOS R7の常用感度はISO100～32000で、暗所でも高速シャッターが維持しやすい。レンズ側の手ブレ補正と協調することで8.0段の手ブレ補正効果を適用することもできる。このスペックは小型・軽量ボディと相まって、手持ち撮影の表現領域を大きく押し広げてくれる。

DATA
レンズ RF-S18-150mm F3.5-6.3 IS STM
モード フレキシブルAE
焦点距離 18mm
絞り F3.5
シャッター 1/60秒
ISO 1250
WB オート(雰囲気優先)
露出補正 +0.3

夜の市場での情景。高感度に設定したことでシャッタースピードもそこまで遅くなっていないが、手ブレ補正の効果もあってストレスなく撮影に集中できた。

DATA レンズ RF24mm F1.8 MACRO IS STM モード マニュアル 焦点距離 24mm
絞り F6.3 シャッター 1/60秒 ISO オート WB オート(雰囲気優先) 露出補正 +0.3

4K UHD Fineで手持ち撮影した。こうしたポートレートも瞳検出でピント合わせは容易。手ブレ補正効果も存分に発揮されている。

▶3種類の4K動画モード

動画撮影においても実用的な機能を多く取り入れている。4K動画は4K UHD Fineなど条件やニーズに合わせて3種類から選択でき、4Kタイムラプス動画や4Kフレーム切り出しにも対応。また、ハイフレームレート動画も撮影でき、撮影意図に応じてEOS R7らしい、さまざまな表現にチャレンジできる。

DATA レンズ RF-S18-150mm F3.5-6.3 IS STM モード マニュアル 焦点距離 150mm
絞り F6.3 シャッター 1/60秒 ISO オート WB オート(雰囲気優先) 露出補正 +0.3

4K UHD Fineで撮影。ミラーレス一眼による動画撮影の魅力は、数多くのレンズを適用できることだ。美しいボケが気軽に利用できる。

CONTENTS

第1章 EOS R7の基本

第2章 フォーカスとドライブモード

第3章 露出機能

第4章 特殊撮影

第5章 交換レンズ

第6章 操作や撮影設定のカスタマイズ

第7章 スマートフォン／パソコン連携

ご注意　ご購入・ご利用の前に必ずお読みください

● 本書はキヤノン製ミラーレス一眼カメラ「EOS R7」の撮影方法を解説したものです。本書の情報は2023年10月現在のものです。一部記載情報などが変わっている場合があります。あらかじめご了承ください。

● 本書に記載された内容は、情報の提供のみを目的としています。したがって、本書を用いた運用は、必ずお客様自身の責任と判断によって行ってください。これら情報の運用について、技術評論社および著者はいかなる責任も負いません。

以上の注意点をご了諾いただいた上で、本書をご利用願います。これらの注意事項をお読みいただかずお問い合わせいただいても、技術評論社および著者は対処しかねます。あらかじめ、ご承知おきください。

第1章

EOS R7の基本

SECTION 01

EOS R7の各部名称

KEYWORD ▸▸▸ 各部名称

1 前面·上面の主な名称

EOS R7にはさまざまなボタンやダイヤルが配置されている。シャッターチャンスを逃さないためにも、各部の名称と機能を覚えておこう。ここでは、各部名称を紹介する。

［前面・上面］

❶ シャッターボタン
❷ セルフタイマーランプ／AF補助光
❸ RFレンズ取り付け指標
❹ 撮像素子
❺ レンズロック解除ボタン
❻ リモコン受信部
❼ フォーカスモードスイッチ
❽ 絞り込みボタン
❾ レンズマウント
❿ 接点
⓫ マイク
⓬ マルチアクセサリーシュー
⓭ モードダイヤル
⓮ マルチ電子ロックボタン
⓯ 電源スイッチ
⓰ 動画撮影ボタン
⓱ ISO感度設定ボタン
⓲ メイン電子ダイヤル
⓳ マルチファンクションボタン

各部名称

2 背面·側面の主な名称

[背面]

❶ MENUボタン
❷ ファインダー接眼部
❸ ファインダーオンセンサー
❹ スピーカー
❺ サブ電子ダイヤル
❻ マルチコントローラー
❼ AFスタートボタン
❽ AEロックボタン
❾ AFフレーム選択／拡大／縮小ボタン
❿ インフォボタン
⓫ 十字キー
⓬ クイック設定／設定ボタン
⓭ モニター
⓮ 再生ボタン
⓯ 消去ボタン

[側面]

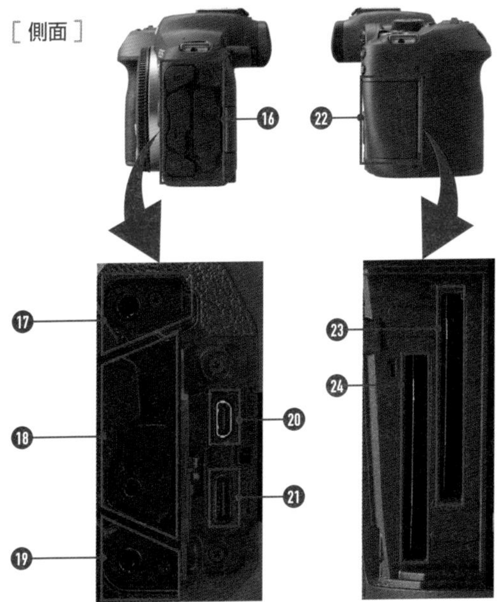

⓰ 端子カバー
⓱ 外部マイク入力端子
⓲ リモコン端子
⓳ ヘッドフォン端子
⓴ HDMIマイクロ出力端子
㉑ デジタル端子
㉒ カードスロットカバー
㉓ カードスロット2
㉔ カードスロット1

SECTION 02 撮影前の準備

KEYWORD ▸▸▸ バッテリー ▶ USB電源 ▶ メモリーカード ▶ デュアルスロット

1 バッテリーを充電してセットする

カメラにバッテリーをセットする前は、付属の充電器で満充電にしておくのを忘れないようにしよう。長時間の撮影の際は、予備のバッテリーを持っていくと撮影中のバッテリー切れもなく安心だ。

[準備手順]

1

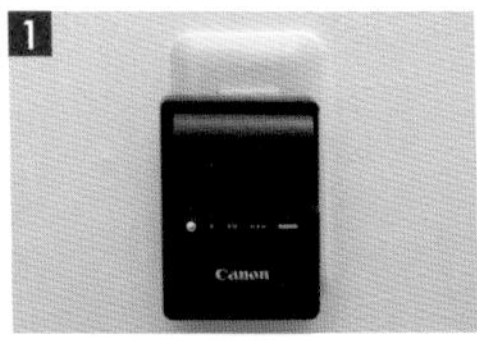

付属の充電器にバッテリーをセットし、電源プラグをコンセントに差し込む。充電が開始されるとオレンジ色のランプが点灯し、充電が完了すると緑色のランプが点灯する。

2

バッテリーカバーのふたのロックをスライドしてふたを開け、バッテリーの向きを確認してロックされるまで中に入れる。カチッと音がすればセット完了となる。

2 USB電源アダプターを使用して充電する

別売りのUSB電源アダプターPD-E1を使用して、カメラ内のバッテリーを充電することができる。また、電源をONにした状態であれば、カメラへの給電も行うことが可能だ。ただし、撮影しながらの給電はできないので注意しよう。

[準備手順]

1

カメラの電源をOFFにした状態で、USB電源アダプターのプラグを、デジタル端子に差し込む。

2

電源コードをUSB電源アダプターに接続し、電源プラグをコンセントに差し込む。充電が始まるとアクセスランプが緑色に点滅し、充電が完了するとアクセスランプが消灯する。

3 メモリーカードの初期化

初めて使用するメモリーカードは初期化してからカメラにセットするようにしよう。初期化の際はメモリーカード内のデータがすべて消去されるため、必ず必要なデータがないか確認してから初期化を行うとよい。

[設定方法]

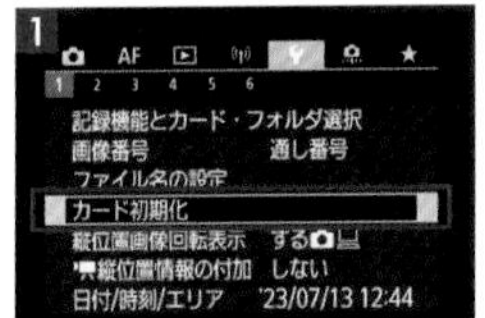

MENUボタンを押し、「1」から「カード初期化」を選択してSETボタンを押す。

初期化するメモリーカードを選択する。

「OK」を選択すると、メモリーカードが初期化される。

データを完全に消去する場合は「消去ボタン」を押し、物理フォーマットする。

4 デュアルスロットの活用

EOS R7はメモリーカードを2枚セットすることができる。対応しているカードは、SD/SDHC/SDXCのメモリーカードとなっている。なお、UHS-Ⅰ、UHS-Ⅱ規格のカードにも対応している。メモリーカードを2枚セットしているときは記録先の振り分けするかを設定できるので、動画と静止画で保存先を分けることが可能だ。

[設定方法]

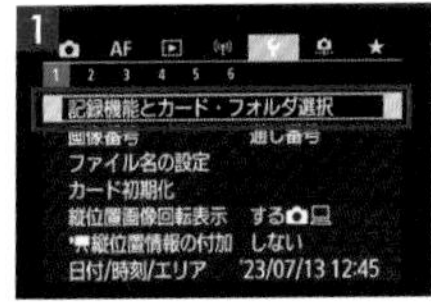

MENUボタンを押し、「1」から「記録機能とカード・フォルダ選択」を選択してSETボタンを押す。

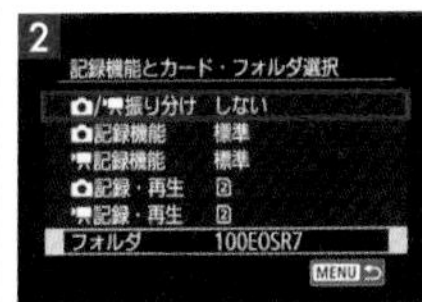

「振り分け」を選択してSETボタンを押す。

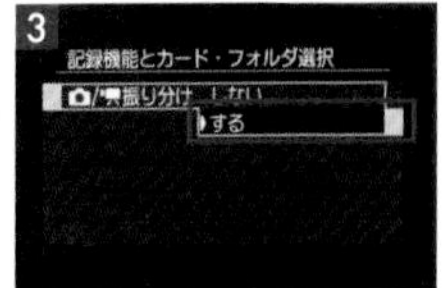

「する」を選択すると、自動的に動画はカード1に、静止画はカード2に保存されるようになる。

SECTION 03

記録画質とファイルフォーマット

KEYWORD ▸▸▸ 記録画質 ▶ JPEG ▶ RAW ▶ DPRAW

1 記録画質を設定する

撮影時に保存される記録画質はRAWとJPEG（HEIF）から選択でき、同時に記録することができる。また、RAWとJPEGの中でも画質の選択ができるため、撮影に応じた形式と画質を選択するようにしよう。

［ 設定方法 ］

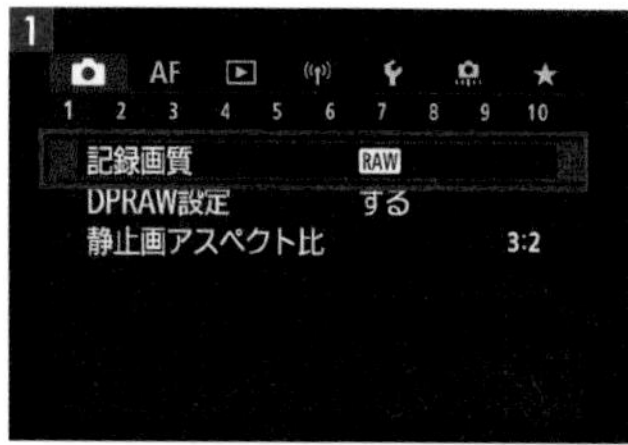

MENUボタンを押し、「📷1」から「記録画質」を選択してSETボタンを押す。

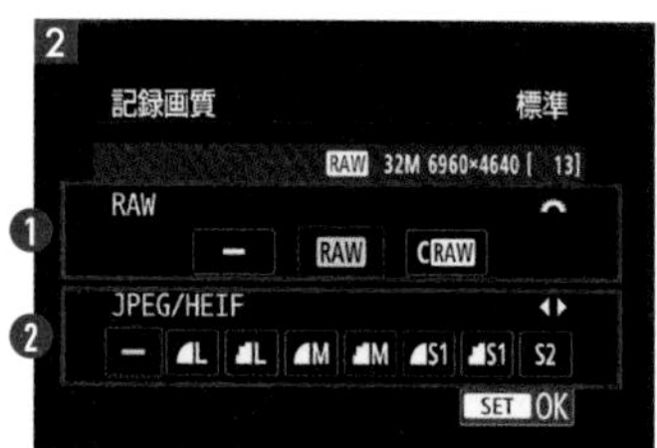

❶RAWの選択はメイン電子ダイヤル、❷JPEG／HEIFは十字キーで選択してSETボタンを押す。

［ 記録画質一覧 ］

データ形式	記録画質	画質	画素数	撮影可能枚数
RAW	RAW	高画質	約3230万画素	873
	CRAW	高画質		1735
JPEG／HEIF	L（ファイン）	高画質	約3230万画素	2881／2928
	L（ノーマル）	標準画質		5549／3871
	M（ファイン）	高画質	約1540万画素	5124／4891
	M（ノーマル）	標準画質		9383／6328
	S1（ファイン）	高画質	約810万画素	8317／7304
	S1（ノーマル）	標準画質		14129／9164
	S2	標準画質	約380万画素	16914／14995

2 HDR PQの設定(HEIF記録)

「HDR撮影(HDR PQ)」をONにすると、撮影時と再生時にはHDR対応ディスプレイ表示のときと印象が近づくように変換された画像がメモリーに保存される。これにより、肉眼で見たようなダイナミックレンジの広い画像をディスプレイ上で確認することが可能だ。このとき、データ形式はJPEGではなくHEIFまたはRAWで保存される。なお、HEIFは、「▶3」の「HEIF →JPEGの変換」でJPEGへ変更することができる。

[設定方法]

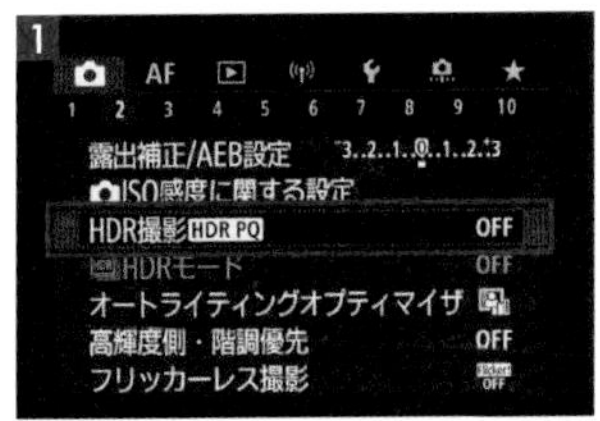

MENUボタンを押し、「📷2」から「HDR撮影」を選択してSETボタンを押す。

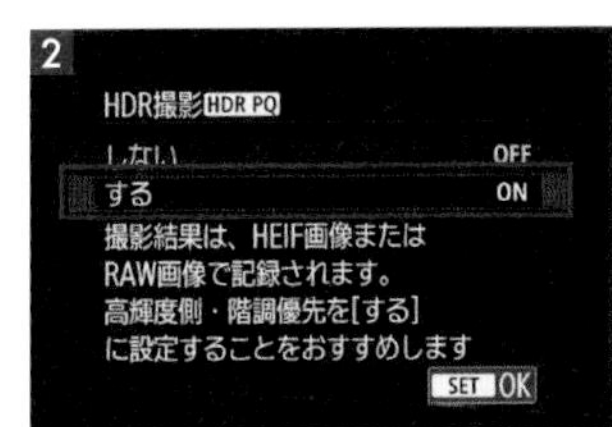

「する」を選択してSETボタンを押すと「HDR撮影」が有効になる。「高輝度側・階調優先」が有効だと、高輝度側の滑らかな階調やハイライト部の深い色合いも再現される。

3 DPRAW記録方式

DPRAWは、撮像素子からのデュアルピクセル情報が付加された画像である。DPRAWのメリットは、RAWデータの現像処理を行う際に被写体の奥行きの解像感やゴーストの低減などの補正を行うことができること。後処理が必要な夜間の撮影の際は設定しておくのがおすすめだ。

[設定方法]

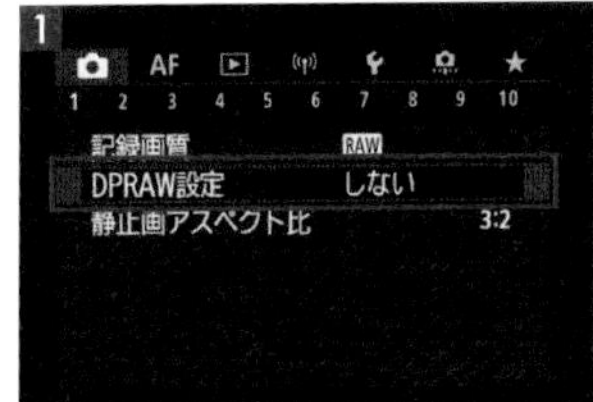

MENUボタンを押し、「📷1」から「DPRAW設定」を選択してSETボタンを押す。

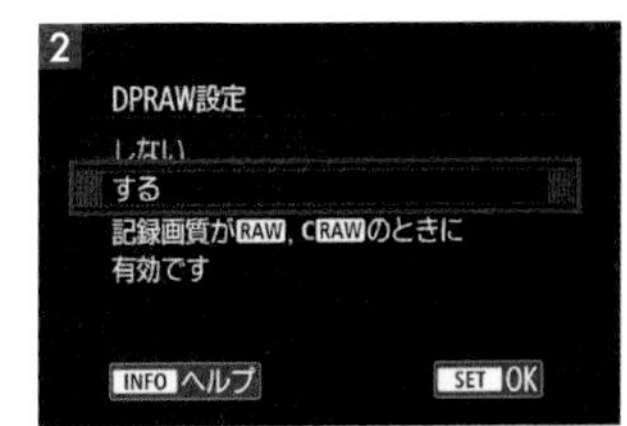

「する」を選択して、記録画質をRAWに設定して撮影する。

SECTION 04

ファインダーの操作

KEYWORD ▸▸▸ ファインダー ▶ OVFビューアシスト

1 ファインダー表示と各名称

ファインダーには撮影に関するさまざまな情報が表示される。画面内の表示される情報が何を表しているのかを理解することで、撮影がよりスムーズにできるようになるだろう。

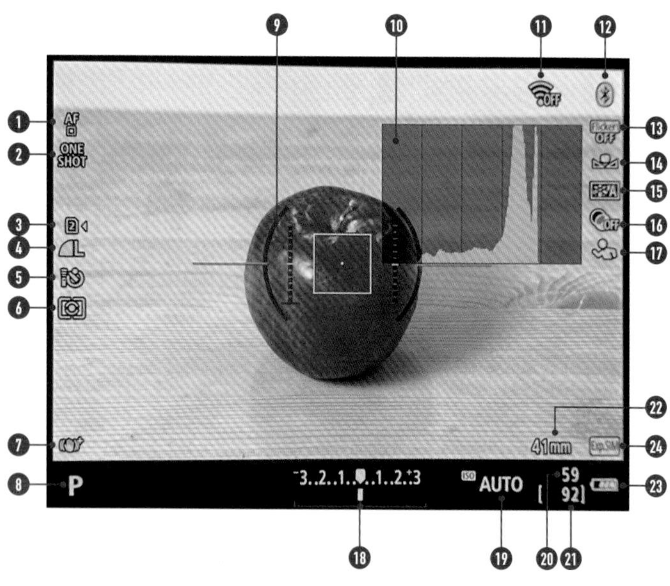

1 AFエリア	9 水準器	17 検出する被写体
2 AF動作	10 ヒストグラム	18 露出レベル表示
3 カード	11 Wi-Fi機能	19 ISO感度
4 記録画質	12 Bluetooth機能	20 連続撮影可能枚数
5 ドライブモード	13 フリッカーレス撮影	21 撮影可能枚数
6 測光モード	14 ホワイトバランス	22 焦点距離
7 手ブレ補正	15 ピクチャースタイル	23 バッテリー残量
8 撮影モード	16 クリエイティブフィルター	24 露出シミュレーション

2 ファインダーの表示設定

ファインダーの表示はINFOボタンを押すことで切り替えることができる。撮影の設定情報を多くしたり、少なくすることができるので、被写体に応じて自分好みの表示形式を設定するのがおすすめだ。

［設定方法］

最も情報量が多い画面、水準器やヒストグラムの表示も可能だ。

標準的な情報量の画面、設定を確認しつつ撮影したいときにおすすめ。

情報が下部のみにある画面、被写体に集中したいときにおすすめだ。

3 OVFビューアシストを活用する

OVFビューアシストとは、静止画撮影時のファインダー、またはモニターの表示を光学ファインダーのように自然な見え方にすることができる機能だ。OVFビューアシストでは、最高輝度とダイナミックレンジが拡大し、ハイライト部の白飛びや暗部の黒つぶれが低減される。それにより、ピクチャースタイルの設定に関わらず、見たままに近い色味でモニターに表示される。ただし、表示と撮影結果は異なるので注意しよう。

［設定方法］

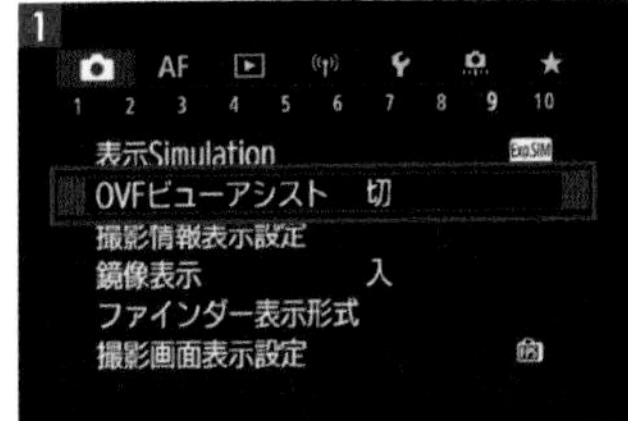

MENUボタンを押し、「9」から「OVFビューアシスト」を選択してSETボタンを押す。

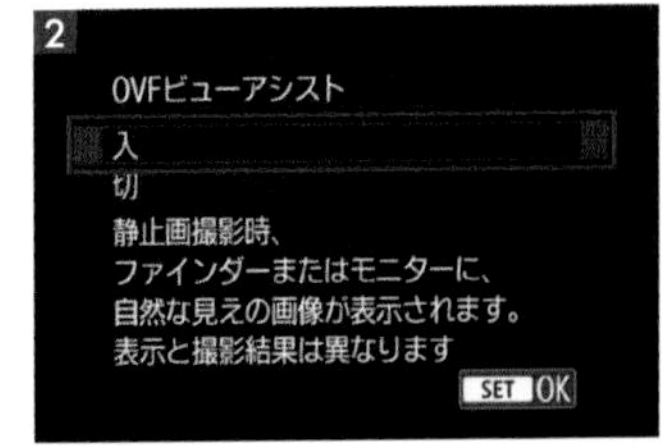

「入」を選択するとファインダーとモニターにOVFビューアシストが適用される。

第1章 EOS R7の基本

SECTION 05

モニターの操作

KEYWORD ▸▸▸ モニター ▶ バリアングルモニター

1 モニター表示と各名称

モニターに表示される項目は、ダイヤルやボタンだけでなく、モニターをタッチすることでも操作することができる。撮影するときにファインダーを覗かず、モニターで撮影するときはタッチ操作の方が迅速に設定を変更できるので、表示画面を理解しておくとよいだろう。

❶ 撮影モード	⓫ バッテリー残量	㉑ 検出する被写体
❷ AFエリア	⓬ 手ブレ補正	㉒ 露出シミュレーション
❸ AF動作	⓭ ヒストグラム	㉓ 拡大ボタン
❹ 記録画質	⓮ カード	㉔ 絞り数値
❺ ドライブモード	⓯ 水準器	㉕ 露出レベル表示
❻ 測光モード	⓰ クイック設定ボタン	㉖ Wi-Fi機能
❼ タッチシャッター	⓱ フリッカーレス撮影	㉗ 焦点距離
❽ 撮影可能枚数	⓲ ホワイトバランス	㉘ ISO感度
❾ 連続撮影可能枚数	⓳ ピクチャースタイル	
❿ 動画撮影可能時間	⓴ クリエイティブフィルター	

2 モニターの表示設定

モニターに表示される情報はINFOボタンを押すことで切り替えることができる。モニターの表示形式は5種類あるので、自分好みの表示形式を撮影しながら見つけるのがよいだろう。

[設定方法]

シンプルな情報のみ、多い情報表示、水準器やヒストグラム、情報表示なし、設定一覧画面、すべてINFOボタンを押すごとに表示が切り替わる。

3 バリアングルモニターを活用する

EOS R7の背面モニターは可動域の広い横開きのバリアングル液晶だ。モニターの角度は上方向に約180°、下方向に約90°調整可能。ハイからローまで、表現に合わせて自由なアングル、ポジションでモニターを見ながら的確に構図を決めて撮影できる。縦位置撮影にも対応し、自撮りしたい場面でも活躍する。ぜひ、有効に活用してほしい。

ハイポジション、ハイアングルから撮影。見下ろす構図も気軽に撮影できる。

ローポジション、ローアングルから撮影。見上げる視点で、ダイナミックな仕上がりに。

SECTION 06

画像の表示と消去

KEYWORD ▸▸▸ 拡大▶インデックス表示▶消去

1 画像の拡大表示

撮影した画像のピントが合っているか即座に確認したいときは画像を拡大するとよい。拡大位置は自由な場所に変更できるので、ピント以外の位置も確認することができる。

［操作手順］

画像再生中に⊡(Q)ボタンを押すと画面拡大画面に切り替わる。

十字キーで拡大位置を変更でき、メイン電子ダイヤルを右に回すと拡大できる。

2 画像のインデックス表示

撮影した画像の中から一枚の画像を探すときは、インデックス表示を利用するとよい。インデックス表示は最大100枚まで表示が可能だ。

［操作手順］

画像再生中に⊡(Q)ボタンを押すと画面拡大画面に切り替わる。メイン電子ダイヤルを左に回していくと4枚表示に切り替わる。

さらに回していくと9枚、36枚、100枚と表示枚数が増える。

3 画像の消去

撮影した画像はカメラ内で消去することができる。不要な画像は事前を消去しておくことで、メモリーカードの容量の節約につながるため、容量不足の心配がなくなる。ただし、消去した画像は復元できないため、消去する前に確認するようにしよう。

【画像一枚消去】

［ 操作手順 ］

画像再生中に消去ボタンを押すと削除メニューが表示される。

「消去」を選択しSETボタンを押すと画像が消去される。

【メニューでの操作】

［ 操作手順 ］

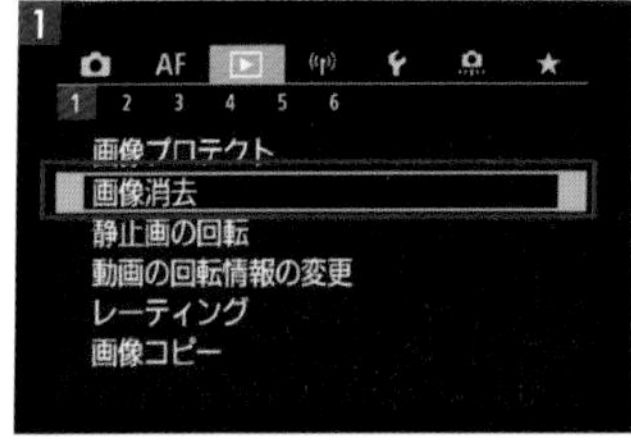

MENUボタンを押し、「▶1」から「画像消去」を選択してSETボタンを押す。

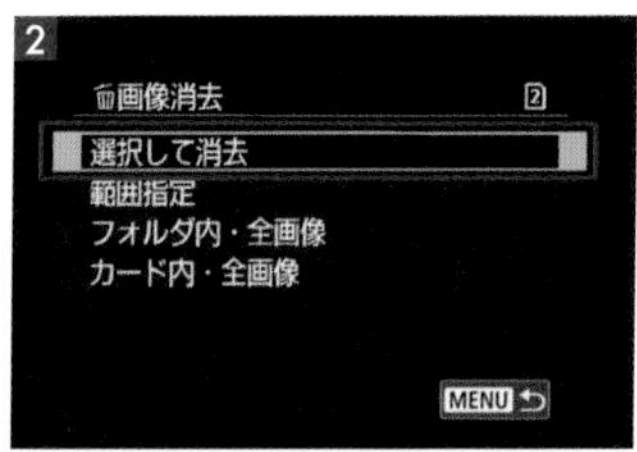

「選択して消去」を選択してSETボタンを押すと、画像選択画面に切り替わる。

消去したい画像を表示させ、SETボタンを押すと左上にチェックマークが入る。

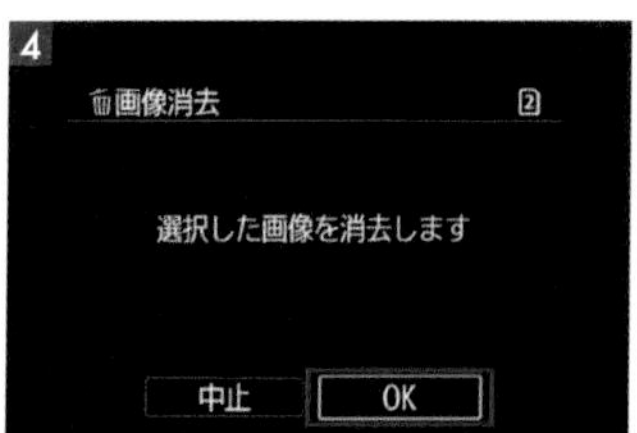

選択が終わったらMENUボタンを押し、「OK」を選択してSETボタンを押すと画像が消去される。

SECTION 07

アスペクト比の設定

KEYWORD ▸▸▸ アスペクト比

1 アスペクト比を知る

アスペクト比とは、画像の縦横比のことである。デジタル一眼カメラの画像の比率は3:2が一般的だが、SNSなどでは「1:1」や「4:3」の比率がよく使われる。アスペクト比を変えると写真の印象を変えることができるので、作品に応じてアスペクト比を変えてみるのもよいだろう。

［ 設定方法 ］

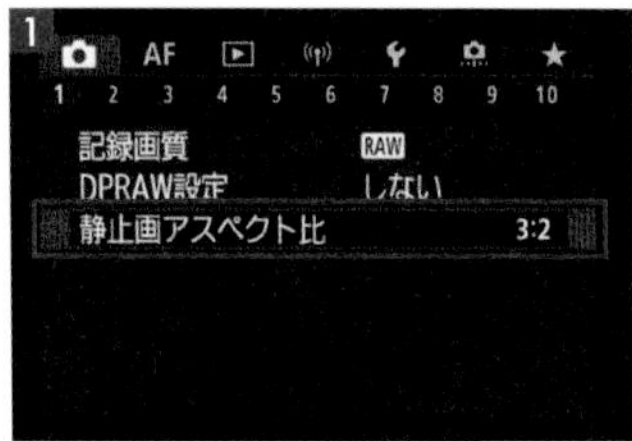

MENUボタンを押し、「1」の「静止画アスペクト比」を選択してSETボタンを押す。

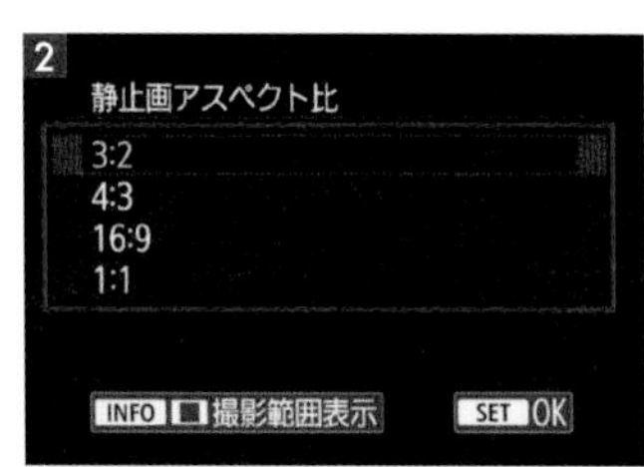

変更したいアスペクト比を選択してSETボタンを押す。

横位置、縦位置の概念がない正方形の比率は、優しい印象で被写体がとらえやすいのが特徴。SNSなどでも扱いやすい比率だ。

長方形の場合、主題が明確なシーンでは空間を生かした描写が行いやすい。ここでも右に空間を意図的に作り、アクセントにした。

2 アスペクト比を変えて撮る

EOS R7ではアスペクト比を4種類から選択できる。初期設定となっている「3:2」は、自然な見え方が特徴で汎用性が高い。「4:3」はやや正方形に近く、優しい印象の比率。「16:9」は動画撮影でよく使われ、迫力ある画作りに最適だ。正方形の「1:1」は、主題が明確な場面で重宝する。アスペクト比は撮影後でも変更できるが、最適な構図を模索するならば、あらかじめ事前に設定することをおすすめする。

【アスペクト比の種類】

[1:1]

空間を詰め、被写体を目立たせて表現できる。主題が明確なシーンで効果的。真ん中に被写体を配置する日の丸構図との相性もよい。

[16:9]

映画のワンシーンのように、ドラマチックに被写体を切り取ることができる比率。雄大な自然風景などをパノラマ的に描写できる。

[3:2]

フルサイズ機やEOS R7のようなAPS-C機のデジタル一眼カメラで広く使われている。肉眼に近い見え方で、扱いやすく汎用性が高い。

[4:3]

マイクロフォーサーズ、またはフォーサーズ機のセンサーサイズに合わせて作られている。左右がやや詰まり、正方形に近いのが特徴。

SECTION 08

メニューの操作

KEYWORD ▸▸▸ メニュー▶クイック設定

1 メニュータブを知る

MENUボタンを押すとメニュー画面が表示される。メニュー画面では撮影、AF、再生、無線通信機能、機能設定、カスタム機能、マイメニューの7種類がタブによって分かれている。タブのマークが何の機能なのか理解しておくと、設定変更がスムーズに行えるだろう。

メインタブ名称		メニュー内容
📷	撮影	撮影や動画に関する設定を変更できるメニュー。
AF	オートフォーカス	AF動作やAF方式など、AFに関わる設定ができるメニュー。
▶	再生	画像の再生や削除に関する設定ができるメニュー。
((•))	無線通信機能	Wi-FiやBluetoothに関する設定ができるメニュー。
🔧	機能設定	カメラ内の機能に関する設定ができるメニュー。
📷	カスタム機能	カスタム機能に関する設定ができるメニュー。
★	マイメニュー	メニュータブに関する設定ができるメニュー。

［ メニュー画面からの設定方法 ］

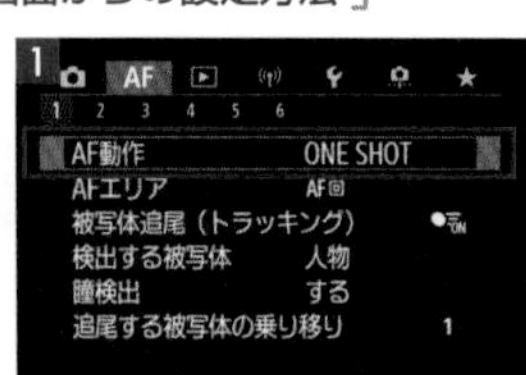

MENUボタンを押すとメニュー画面が表示される。メイン電子ダイヤルを回すことで設定したいタブを表示させ、十字キーで項目を選択する。SETボタンを押すことで設定画面へ進むことができる。キャンセルや元の画面に戻りたいときはMENUボタンを押す。

※かんたん撮影ゾーンのときは表示されないタブやメニュー項目があります。

2 クイック設定を知る

撮影画面の状態でSETボタン(クイック設定ボタン)を押すと、クイック設定の画面が表示される。クイック設定では、ボタンやダイヤルだけでなく、タッチでも変更できるので直感的な操作が可能だ。

[クイック設定の操作方法]

SETボタンを押すと、クイック設定が表示される。サブ電子ダイヤルかマルチコントローラー、十字キーの上下で項目を選択する。その後、メイン電子ダイヤルかマルチコントローラー、十字キーの左右で画面下に表示される項目の種類を選択する。

左のような撮影設定の情報が表示されている画面では、左下の「Q」をタッチすると、撮影設定の変更が可能だ。マルチコントローラーか十字キーで項目選択、メイン電子ダイヤルかサブ電子ダイヤルで種類を選択する。

タッチパネルでのメニュー操作

【タッチ】

クイック設定ボタンのアイコンをタッチすると、クイック設定画面に切り替わるので、素早く設定項目を変更できる。

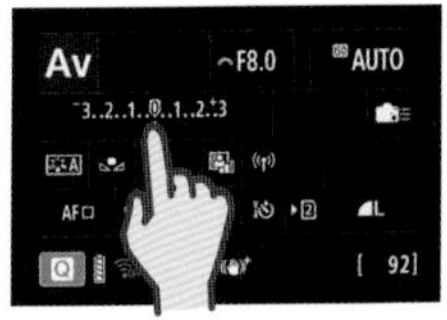

メニュー画面もタッチ操作でメニュータブ、設定項目や内容を変更することができる。

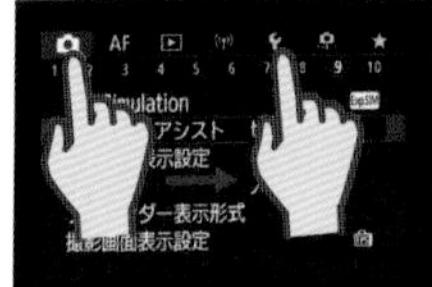

【ドラッグ】

モニターにタッチしたまま画面上を移動させることで、メニュータブ、設定項目などを変更することができる。

SECTION 09 ダイヤルとボタンの操作

KEYWORD ››› モードダイヤル▶電子ダイヤル▶ボタン

1 モードダイヤルを知る

撮影モードはモードダイヤルを回して変更する。モードダイヤルには、被写体やシーンに応じてカメラ任せの撮影ができる「かんたん撮影ゾーン」と自分の思い通りの撮影ができる「応用撮影ゾーン」がある。使用頻度の多い撮影モードはカスタム撮影モードに設定しておくのもおすすめだ。

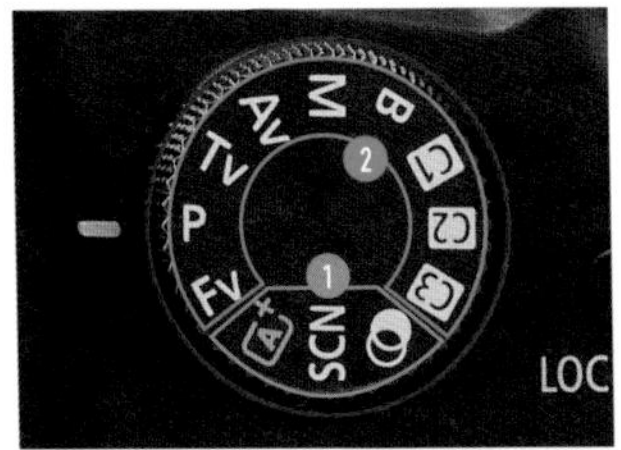

[モードダイヤル]

❶「かんたん撮影ゾーン」の基本操作はシャッターボタンを押すだけ。❷「応用撮影ゾーン」では自分好みの設定で撮影を行うことができる。

[かんたん撮影ゾーンの種類]

A+	全自動撮影 (シーンインテリジェントオート)	カメラまかせの全自動撮影ができるモード。カメラが撮影シーンを解析し、シーンに適した設定を自動的に行う。
SCN	スペシャルシーンモード	被写体やシーンに合わせて13種類の中から撮影モードを選ぶだけで、撮影に適した機能が自動設定され、カメラまかせで撮影することができる。
◎	クリエイティブフィルターモード	フィルター効果を付けた画像を撮影することができる。撮影前にはフィルター効果を確認することも可能。

2 電子ダイヤルを知る

EOS R7では、2つの電子ダイヤルとマルチコントローラーが搭載されている。メニューの操作はもちろん、撮影時の設定変更に使用する。撮影モードによっては、電子ダイヤルによって変更される項目が変わるため、撮影前にダイヤルで何が変更されるか確認しておくとよいだろう。また、電子ダイヤルは初期設定とは異なる機能を割り振れるカスタマイズ機能(→P.146)がある。操作に慣れてきたら、自分好みの設定にするのもおすすめだ。

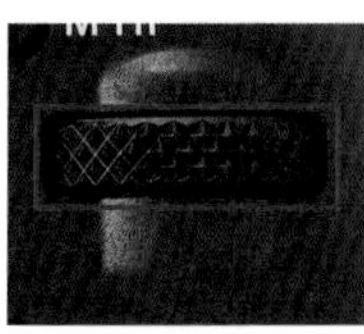

[メイン電子ダイヤル]

カメラ上面にあるダイヤルで、主に人差し指で操作を行う。M-Fnボタン、ISOボタンを押した後にダイヤルを回すと撮影の設定ができる。ダイヤルのみを回すと絞り数値やシャッタースピードの変更などに使用する。

[サブ電子ダイヤル]

カメラ背面にあるダイヤルで、主に親指で操作を行う。M-Fnボタン、ISOボタンを押した後にダイヤルを回すと撮影の設定ができる。ダイヤルのみを回すと絞り数値や露出補正の変更などに使用する。

[マルチコントローラー]

8方向キーと中央押しボタンのコントローラー。主に親指の腹で操作を行い、撮影時の設定変更だけでなく画像再生時における拡大位置表示の移動、ホワイトバランス補正なども可能。

3 主なボタンを知る

撮影設定を変更する際に使用する主なボタンは4つある。ほかにもボタンはあるが、最初は撮影設定を変更するボタンの機能や操作方法を覚えておくとよいだろう。

[M-Fn]

マルチファンクションボタン。このボタンを押し、サブ電子ダイヤルを回すとISO感度、ドライブモード、AF動作などが設定できる。

[SET（Q）]

クイック設定/設定ボタン。各種設定画面で内容を決定するほか、クイック設定画面で主要な撮影設定を変更することができる。

[LOCK]

マルチ電子ロックボタン。「🔧5」の「マルチ電子ロック」を設定し、このボタンを押すと、不用意な操作による設定変更を防止できる。

[INFO]

インフォボタン。ボタンを押すことで、モニターやファインダー内の撮影情報の表示内容が切り替えることができる。

Column

サイレントシャッター機能

シャッター音を出さず、可能な限り静かな動作で撮影を行いたいときに便利なのがサイレントシャッター機能だ。カメラのシャッター音や操作音、ストロボなどの発光が禁止になるコンサートやピアノの発表会、野生動物の撮影など、静かに撮りたい場面で有効に活用したい機能だ。なお、SCN（スペシャルシーン）モード内にもサイレントシャッターモードがあり、同様の効果を適用できる。

［ 設定方法 ］

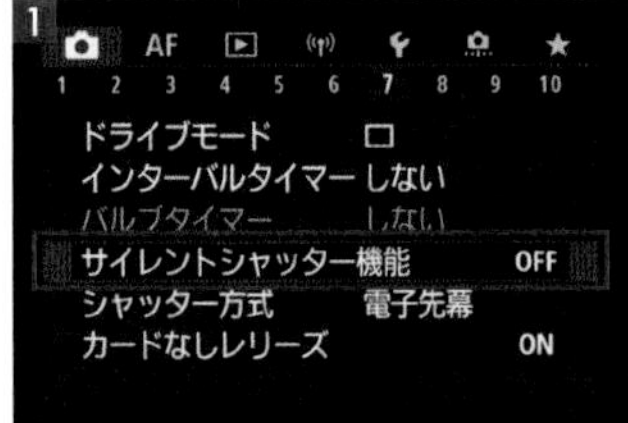

MENUボタンを押し、「7」から「サイレントシャッター機能」を選択してSETボタンを押す。

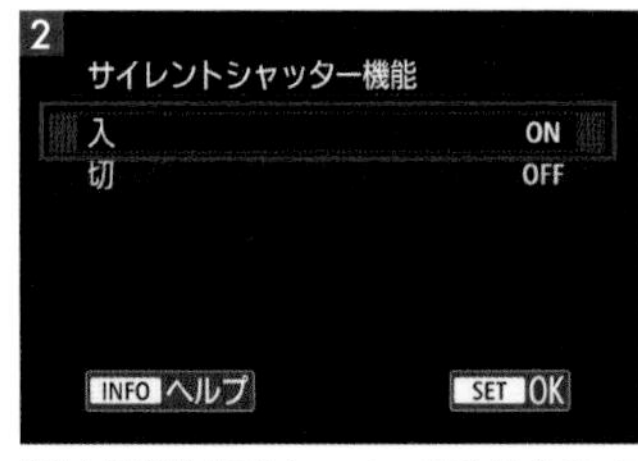

「入」を選択するとシャッター音や操作音、ストロボなどの発光を消すことができる。

子どもの寝ている様子を、サイレントシャッター機能をONにして撮影した。かなりレンズを近づけているが、シャッター音がしないため起こさずじっくり撮影できた。

第2章

フォーカスとドライブモード

SECTION 01 ワンショットAFとサーボAF

KEYWORD ▸▸▸ AF動作▶ワンショットAF▶サーボAF

1 ワンショットAFで撮影する

オートフォーカスの仕様は、被写体に応じて2種類から選択することができる。ワンショットAF（ONE SHOT）は、主に静止した被写体向けのAF動作だ。一度合わせたピントが、シャッターボタンの半押し中は固定できるのが特長のため、動かない被写体全般、自然風景やテーブルフォト、街中スナップなどで有効だ。

DATA▶ レンズ RF-S18-150mm F3.5-6.3 IS STM　モード プログラムAE　焦点距離 18mm　絞り F6.3　シャッター 1/200秒　ISO 100　WB オート

このような静止した情景ではワンショットAFを使おう。

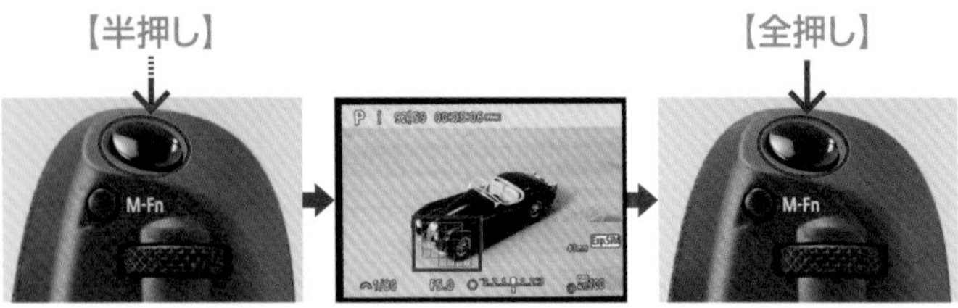

シャッターボタンの半押しで被写体にピントが合うと、AFフレームが緑色に点灯する。また、電子音が有効になっていれば、ピピッと音も鳴る。シャッターボタン全押しでシャッターを切ることができる。

2 サーボAFで撮影する

静止した被写体向けのワンショットAFに対し、サーボAF(SERVO)は動く被写体向に対応するAF動作だ。シャッターボタン半押し中は、被写体に繰り返しピントを合わせ続けてくれる。また、前後に動くような被写体にも、常にピントを合わせながら撮影に臨める。スポーツ全般、動物や乗り物などの撮影で重宝する機能だ。

DATA
レンズ RF-S18-150mm F3.5-6.3 IS STM
モード 絞り優先AE
焦点距離 35mm
絞り F11
シャッター 1/1000秒
ISO 800
WB 太陽光
露出補正 -0.3

サーボAFでピントを合わせ続けながら、向こうから来た路線バスを撮影した。サーボAFの場合、ピントが合うとAFフレームが青色に点灯する。電子音は有効になっていても鳴らない。

3 AF動作を設定する

2種類のAF動作は、以下のようにメニュー画面からも設定することができるが、クイック設定やマルチファンクションボタンからも選択変更できる。AFエリア(→P.38~39)と並び、AF動作は被写体に応じて切り替える必要があるため、利用頻度の高い機能の一つだ。撮影の際は、スムーズに設定変更できるように操作にはしっかり慣れておこう。

[設定方法]

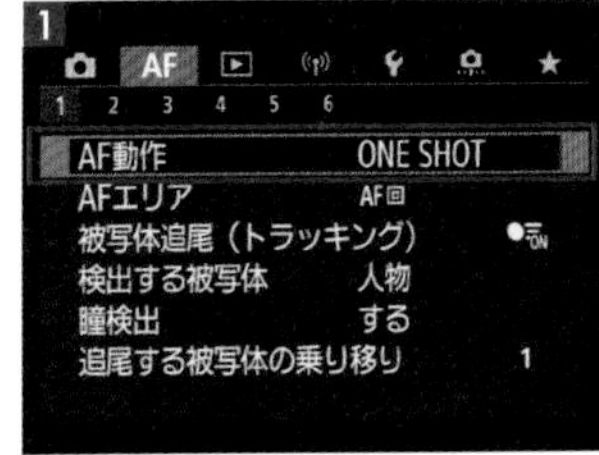

MENUボタンを押し、「**AF**1」から「AF動作」を選択してSETボタンを押す。

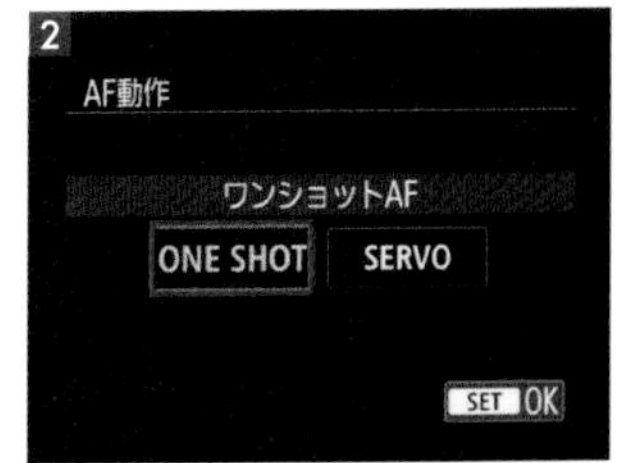

任意のAF動作を選択し、SETボタンを押す。

SECTION 02

AFエリア

KEYWORD ▸▸▸ AFエリア

1 AFエリアを知る

EOS R7には、被写体の大きさや動きに合わせて選択できる8種類のAFエリアがある。意図したポイントでピントを合わせたいときはAFエリアを変更するとよいだろう。また、被写体を「画面のどの位置と広さで追尾を開始するか」をAFエリアとして設定することが可能だ。

［ AFエリアの種類 ］

：スポット1点AF	1点AFよりも狭い範囲でピント合わせを行う。
：1点AF	1つのAFフレームでピント合わせを行う。AFフレームはマルチコントローラーで移動できる。
：領域拡大AF（）	1点のAFフレームを含む、青枠で囲んだAFエリアでピント合わせを行う。1点AFでは被写体の追従が難しい、動きのある被写体を撮影するときに有効。
：領域拡大AF（周囲）	1点のAFフレームを含む、青枠で囲んだAFエリアでピント合わせを行うため、領域拡大AF（）より、動きのある被写体をとらえやすくなる。
[1]：フレキシブルゾーンAF1	領域拡大AFよりもAF範囲が広いため、1点AFや領域拡大AFよりも被写体をとらえやすく、動きのある被写体に有効。初期状態では、正方形のゾーンAFフレームが設定。
[2]：フレキシブルゾーンAF2	初期状態では、縦長のゾーンAFフレームが設定。
[3]：フレキシブルゾーンAF3	初期状態では、横長のゾーンAFフレームが設定。
：全域AF	フレキシブルゾーンAFよりもAF範囲が広いため、1点AF、領域拡大AF、フレキシブルゾーンAFよりも被写体がとらえやすく、動きのある被写体に有効。

［ 設定方法 ］

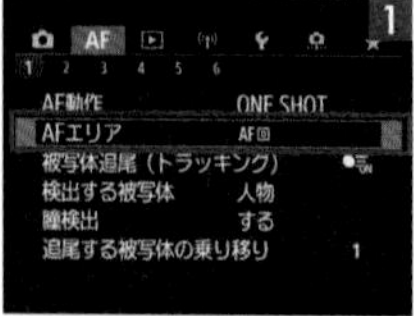

MENUボタンを押し、「**AF**1」から「AFエリア」を選択してSETボタンを押す。

任意のAFエリアを選択し、SETボタンを押すと設定される。

2 スポット1点AFで撮影する

もっとも狭いAFフレームを使ってピント合わせを行うのが、スポット1点AFだ。ピントを合わせたい場所が特定箇所に限定していて、かつシビアなピント合わせが求められる場面で効果を発揮する。AFフレームが狭いため、静止した被写体で利用しやすい。範囲が狭すぎてピント合わせが難しいときは、1点AFに切り替えてみよう。

背景を大きくぼかし、先端の蕊にだけスポット1点AFでピントを合わせて撮影した。こうしたシビアなピント合わせが求められる場面では狭いAFフレームの使用が有効だ。

DATA レンズ RF24mm F1.8 MACRO IS STM モード 絞り優先AE 焦点距離 24mm 絞り F1.8 シャッター 1/1000秒 ISO 100 WB オート(雰囲気優先) 露出補正 +0.3

3 領域拡大AFで撮影する

ある程度動きが予測できる被写体を撮る際に便利なAFエリアが、領域拡大AFだ。1点AFよりも広いエリアを使い、被写体に追従しながら撮影が行える。フレキシブルゾーンAFよりも狙った被写体にピントを合わせやすいのが特徴だ。被写体に応じて、さらに周囲を広げた領域拡大AF(周囲)とうまく併用してみよう。

野鳥を望遠レンズで狙った。背景がシンプルでピントを合わせやすいシーンであったが、領域拡大AFを利用することで、柱の上でちょこちょこ動く野鳥にも確実にピントを合わせながら撮影できた。

DATA レンズ RF-S18-150mm F3.5-6.3 IS STM モード 絞り優先AE 焦点距離 150mm 絞り F6.3 シャッター 1/640秒 ISO 100 WB オート(雰囲気優先) 露出補正 +0.7

SECTION 03

タッチ&ドラッグAF

KEYWORD ▸▸▸ タッチ&ドラッグAF

1 タッチ&ドラッグAFを知る

タッチ&ドラッグAFとは、ファインダーを覗きこみながらモニター画面をタッチしたりドラッグしたりして、AFフレームを移動する機能のこと。ファインダーを覗いているときは、モニターには何も表示されないが、モニターを指でなぞることでAFフレームを自由に動かせるため、直感的かつ素早く操作ができるのが魅力だ。

[設定方法]

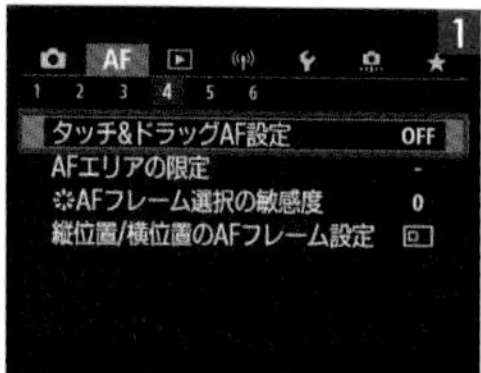

MENUボタンを押し、「**AF**4」から「タッチ&ドラッグAF設定」を選択してSETボタンを押す。

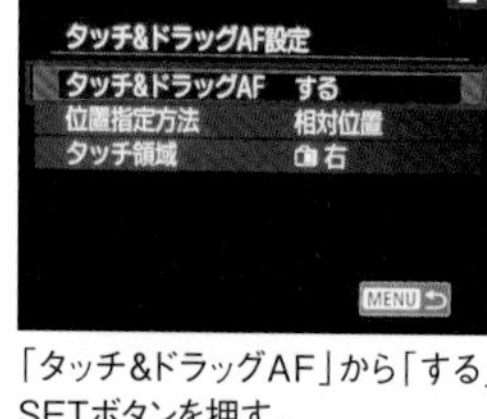

「タッチ&ドラッグAF」から「する」を選択し、SETボタンを押す。

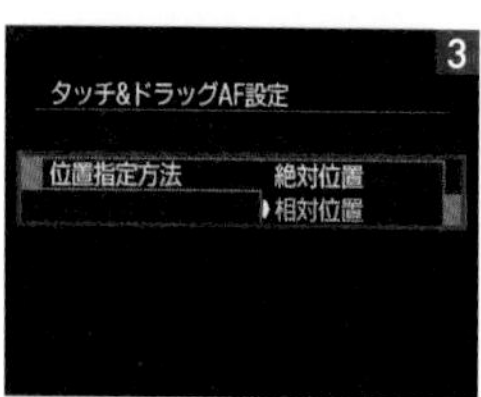

「位置指定方法」ではタッチやドラッグしたときの位置の指定方法を設定できる。「絶対位置」ではモニターをタッチした位置にAFフレームが移動する。「相対位置」ではドラッグした方向と移動量に応じてAFフレームが移動する。

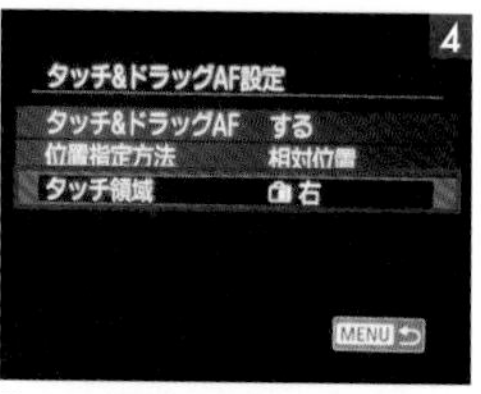

「タッチ領域」ではモニターの反応領域を設定することができる。

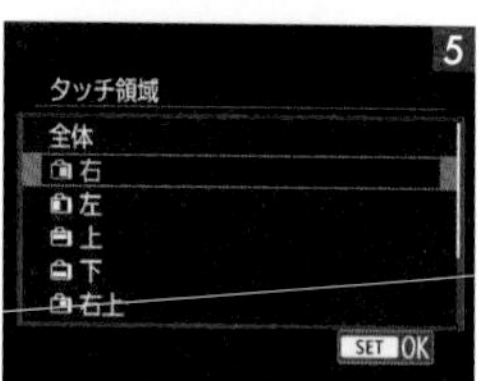

モニターのタッチしやすい部分を確認し、任意のタッチ領域を選択してSETボタンを押す。

2 タッチ&ドラッグAFで撮影する

タッチ&ドラッグAFは、特定の被写体にピントを合わせたい場面で大変重宝する機能だ。特に1点AFや領域拡大AF利用時にうまく併用したい。ファインダーを眺めながらAFフレームを素早く移動できるので、自分のリズムでテンポよく撮影が行える。タッチ領域も自分好みにカスタマイズし、使いやすさを追求してみよう。

DATA レンズ RF24mm F1.8 MACRO IS STM モード 絞り優先AE 焦点距離 24mm 絞り F1.8 シャッター 1/2000秒 ISO 100 WB オート(雰囲気優先)

タッチ&ドラッグAFを用い、手前の花の蕊にAFフレームを移動させてピントを合わせた。この機能はピント合わせと構図の確認の両方を、ファインダー越しに行えるのが大きな魅力だ。

DATA レンズ RF-S18-150mm F3.5-6.3 IS STM モード 絞り優先AE 焦点距離 18mm 絞り F3.5 シャッター 1/640秒 ISO 100 WB オート(雰囲気優先) 露出補正 +0.3

AFエリアは全域AFだったが、タッチ&ドラッグAFを使うことでスムーズに狙い通りバナナにAFフレームを移動させて撮影できた。全域AF時はモニターをタッチすると、オレンジ色の丸い枠が表示されるので、それを参考にピント合わせを行うとよいだろう。

SECTION 04

被写体検出と瞳検出

KEYWORD ▸▸▸ 被写体検出 ▶ 瞳検出 ▶ 動物優先 ▶ 乗り物優先

1 被写体検出を知る

EOS R7は被写体が遠くにいても薄暗いシーンでも、素早く瞳にピントを合わせることができる。瞳検出は人物だけでなく、動物や乗り物にも有効な機能だ。また、一度被写体を検出すると画面端に被写体が移動してもしっかりとトラッキングを続けるため、動きが速いスポーツシーンや不規則な動きの動物の撮影におすすめだ。

[瞳検出]

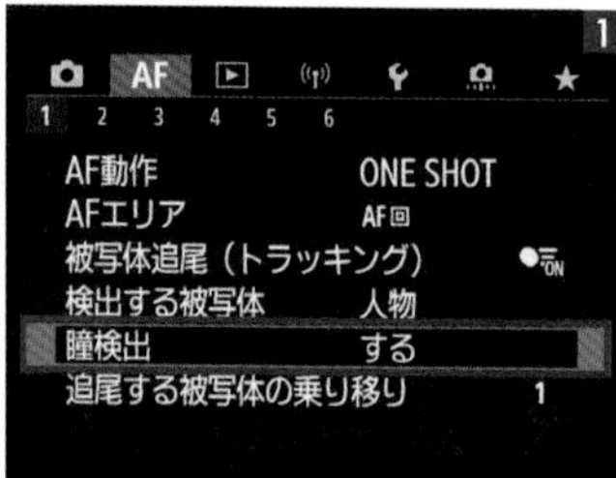

MENUボタンを押し、「**AF**1」から「瞳検出」を選択してSETボタンを押す。

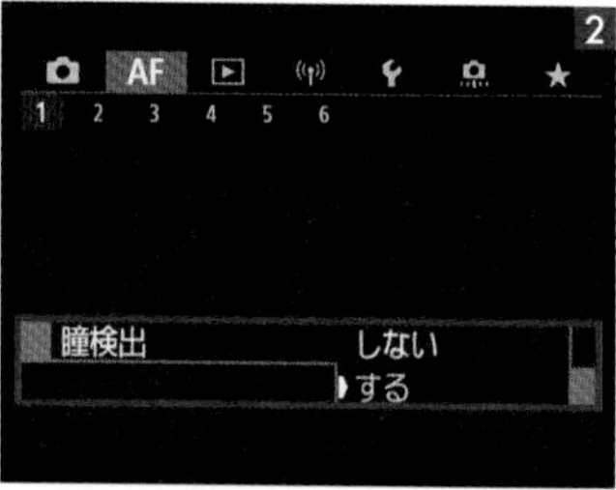

「瞳検出」から「する」を選択し、SETボタンを押すと設定される。

[被写体検出]

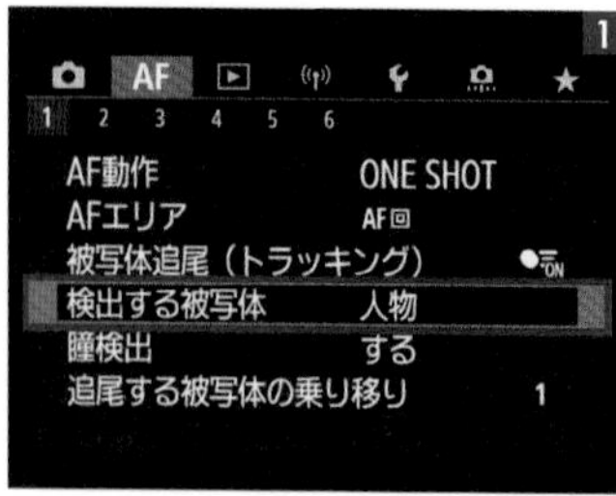

MENUボタンを押し、「**AF**1」から「検出する被写体」を選択してSETボタンを押す。

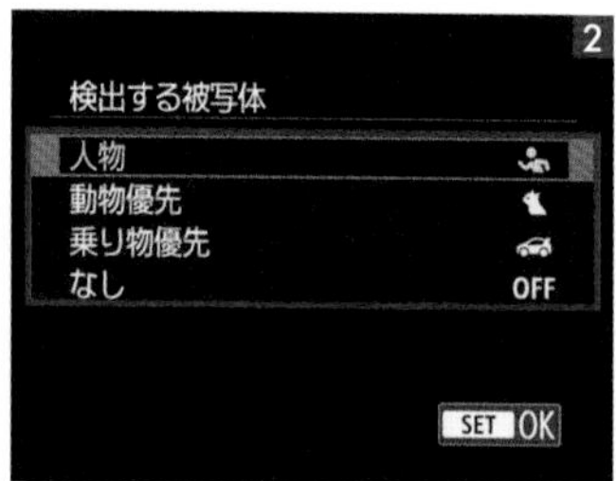

「検出する被写体」から任意の項目を選択し、SETボタンを押すと設定される。

2 瞳／顔／頭部／胴体の検出を知る

EOS R7では人物の瞳に加え、顔や頭部、胴体といった各パーツから人物を特定して高精度にピント合わせを行ってくれる。人物が横や下を向いて瞳が見えなくても、顔や頭部が検出できない条件下でも安定してトラッキングができる。シチュエーションを選ばず、的確に人物そのものにピントを合わせて撮影することが可能だ。

【瞳】

瞳を検出すると目の周囲に追尾フレームが表示され、シャッターボタンの半押しでピントを自動で合わせてくれる。マスク装着時などでも高精度に瞳を検出できる。

【顔】

横顔や下を向いている状態など、瞳が見えない条件下では、顔がピントを合わせるべき主被写体として認識される仕組みになっている。顔の向きがさまざまに変化しても撮り逃すことはない。

【頭部】

瞳や顔が認識できない場合は、頭部が主被写体として検出される。このような後ろ姿も頭部を検出してピント合わせをしてくれる。スキーなど顔がゴーグルやマスクで覆われるシーンでも効果がある。

【胴体】

顔や頭部を検出できない場合は、胴体を検出して追尾を行う。さらに、胴体で検出できない場合は体の一部で追尾できる場合もある。このような動きの激しいシーンでもピントを合わせ続けてくれる。

3 動物優先を知る

動物もしっかり検出してトラッキングできる。EOS R7では犬、猫、鳥の検出が可能で、それ以外の動物に対しても検出できる場合がある。動物の大きさや向きに関わらず、瞳や顔、全身を検出し、素早くピント合わせを行ってくれる。動物の顔や全身が検出できない場合も、体の一部で追尾してくれる場合があり、動きが予測しにくい動物も、安定的に構図を考えながらしっかりピントを合わせて撮影できる。

DATA レンズ RF100-400mm F5.6-8 IS USM モード 絞り優先AE 焦点距離 174mm 絞り F7.1 シャッター 1/400秒 ISO 4000 WB オート(雰囲気優先) 露出補正 +1

海辺を歩く野鳥を望遠域でとらえた。瞳をしっかり検出しながら、安定的に撮影できた。素早い動きの野鳥も、ピントを気にせず構図を意識しながら撮影に集中できるのはうれしい。

[設定方法]

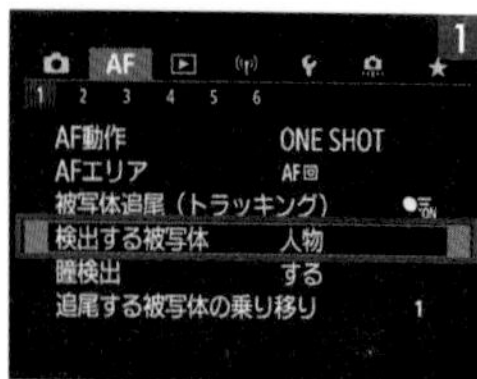

MENUボタンを押し、「**AF**1」から「検出する被写体」を選択してSETボタンを押す。

「検出する被写体」から「動物優先」を選択し、SETボタンを押すと設定される。

4 乗り物優先を知る

モータースポーツなど、高速で移動する乗り物や人物を主に検出してピントを合わせてくれる。乗り物は重要部位または全体を検出するが、うまくいかないときは車体の一部で追尾できる場合もある。INFOボタンから乗り物の重要部位を検出するか否かを設定することも可能だ。主にモータースポーツに対して有効だが、筆者が試した限り、一般の車やバイク、飛行機、船などでも大いに効果を発揮した。

DATA
レンズ
RF100-400mm F5.6-8 IS USM
モード 絞り優先AE
焦点距離 174mm
絞り F6.3
シャッター 1/400秒
ISO 1600
WB オート(雰囲気優先)
露出補正 +1

朝方の情景。ゆっくり進んでくる大型船を港から撮影。しっかりトラッキングして捕捉し、ピントを合わせ続けてくれた。乗り物優先はこうした日常的に出合う被写体にも有効だ。

[設定方法]

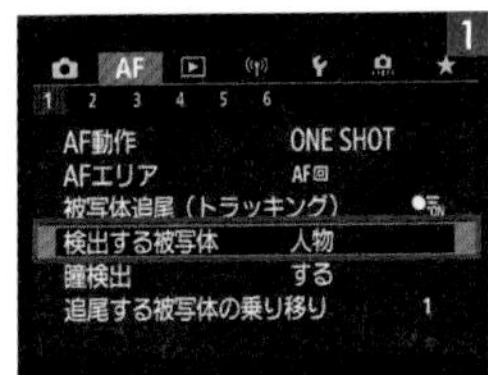

MENUボタンを押し、「**AF**1」から「検出する被写体」を選択してSETボタンを押す。

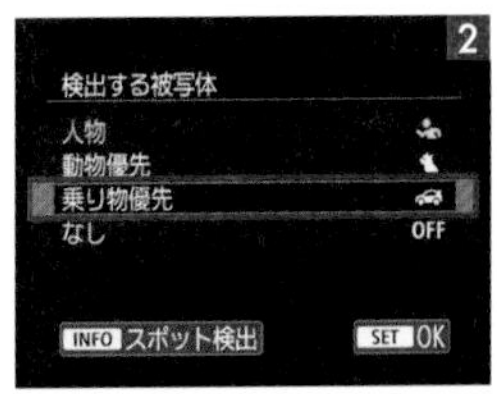

「検出する被写体」から「乗り物優先」を選択し、SETボタンを押すと設定される。

SECTION

05 被写体追尾(トラッキング)

KEYWORD ››› 被写体追尾▶トラッキング

1 被写体追尾を知る

被写体追尾は、検出した被写体を追い続ける機能のことである。被写体が動くとフレームも動いて追尾を続けるため、フレーミングの手間がなくなり撮影に集中することができる。また、瞳検出(→P.42)を有効にしておくと、被写体の目にピントを合わせたままAFフレームも移動するため、動きが予測しにくい子どもの撮影におすすめだ。

[設定方法]

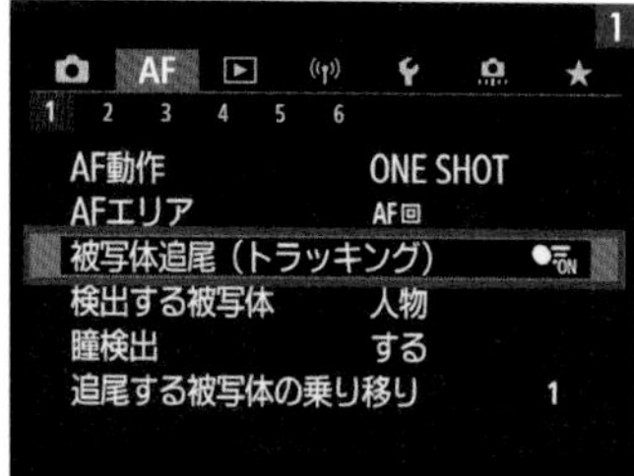

MENUボタンを押し、「**AF**1」の「被写体追尾(トラッキング)」を選択してSETボタンを押す。

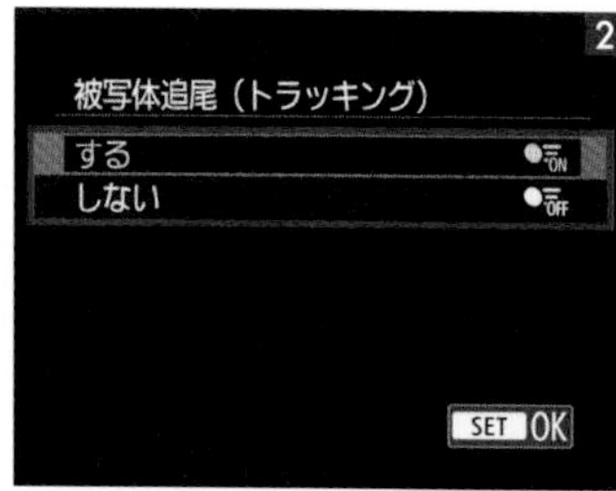

「被写体追尾(トラッキング)」から「する」を選択し、SETボタンを押すと設定される。

DATA
レンズ RF-S18-45mm F4.5-6.3 IS STM
モード シャッター優先AE
焦点距離 45mm
絞り F6.3
シャッター 1/640秒
ISO 8000
WB オート(雰囲気優先)

遊具で遊ぶ子どもを、被写体追尾と瞳検出を有効にして撮影した。常にピントを子どもに合わせ続けてくれるため、ピントを気にせずシャッターチャンスが狙えた。

2 被写体追尾で撮影する

被写体追尾は被写体検出とうまく併用したい機能だ。組み合わせることでよりピント合わせが強固になるし、被写体検出機能を最大限に引き出すためにも、被写体追尾は欠かせない役割を果たす。カメラが被写体を検出すると、そのまま追尾してピントを被写体に合わせ続けてくれるため、特に動き回る被写体で有効だ。複数の被写体が入り込む際の追尾する被写体の乗り移りの度合いも、MENUから設定することができる（→P.50）。

【Before】

【After】

DATA レンズ RF-S18-45mm F4.5-6.3 IS STM モード 絞り優先AE 焦点距離 45mm 絞り F6.3 シャッター 1/250秒 ISO 6400 WB オート（雰囲気優先）

検出する被写体を動物優先にし、水族館で不規則に泳ぐ魚を撮影。こうした場面では被写体追尾をONにしよう。より高精度にピントを自動で合わせ続けてくれる。機能を有効にすることで、しっかり頭部にピントを合わせて狙い通りに撮影できた。

SECTION 06 親指AF

KEYWORD ▸▸▸ AF-ON▶ボタンカスタマイズ

1 親指AFを知る

手持ちの静止画撮影時にシャッターボタンを半押しすると、ピントと明るさが決まる。そのまま半押しを続けて、ピントを固定することをAFロック、明るさを決めて固定することをAEロック(→P.86)という。どちらもボタン1つで簡単に行えるが、三脚を使用した撮影ではシャッターボタンの半押しをキープするのは難しい。そこで、シャッターボタンの機能をカスタマイズして、測光開始に変更する。シャッターボタンの半押しでAEを行い、親指でAF-ONボタンを押してAFを作動させるようにすると、快適に撮影を行うことができる。

[設定方法]

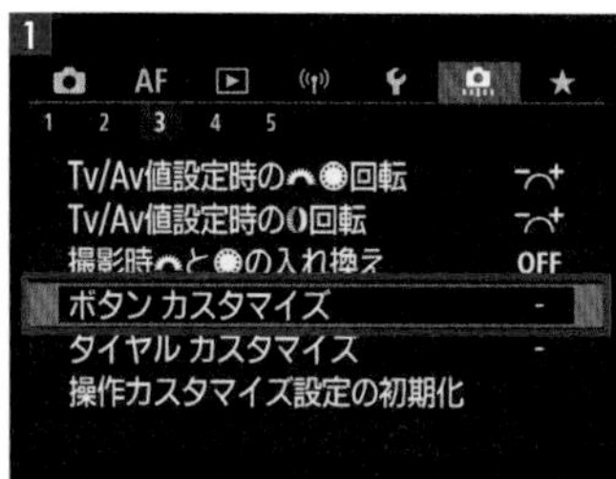

MENUボタンを押し、「3」から「ボタンカスタマイズ」を選択してSETボタンを押す。

「シャッターボタン半押し」を選択してSETボタンを押すとボタン選択画面に移動する。

初期設定は「測光・AF開始」なので、「測光開始」に変更してSETボタンを押す。

AF-ONボタンでAFを合わせ、シャッターボタン半押しでAEを行い、シャッターを切る。

親指AF

2 親指AFで撮影する

親指AFが有効に作用する代表的なシーンが、動きの速い被写体を狙うときだ。例えば、動き回る被写体をサーボAFで狙う際、AF-ONボタンで被写体にピントを合わせ続けながら、シャッターボタンで軽快に連写できる。静止した被写体を、構図を変えながら撮りたいときも効果的だ。簡単にピント位置が固定でき、撮影がスムーズになる。そのほか、構図を固定する三脚を使った撮影でも親指AFが重宝する。

DATA レンズ RF100-400mm F5.6-8 IS USM モード シャッター優先AE 焦点距離 214mm 絞り F8 シャッター 1/4000秒 ISO 400 WB 太陽光 露出補正 +0.3

船上から飛び回る鳥を撮影した。こうした動きの素早い被写体は、シャッターとAFの機能を切り離して操作したほうが、より確実にシャッターチャンスをものにすることができる。

DATA レンズ RF-S18-45mm F4.5-6.3 IS STM モード 絞り優先AE 焦点距離 18mm 絞り F4.5 シャッター 1/1600秒 ISO 100 WB 太陽光

奥に風景を入れながら花を撮影。AF-ONボタンで花にピントを合わせたら、AF-ONボタンから指を離してピント位置を固定。そのまま自由に構図を変えながらシャッターを切った。

SECTION 07

AFのカスタマイズ

KEYWORD ››› 追尾する被写体の乗り移り▶縦位置/横位置のAFフレーム設定▶サーボAF

1 AFをカスタマイズする

EOS R7のAFは、さまざまなカスタマイズが可能だ。例えば、複数の被写体が写りこむ場合、最初にAF対象とした被写体を追尾し続けたり、別の被写体に乗り移るようにすることができる。また、縦位置や横位置で別々にAFフレームを変更することも可能だ。被写体に応じて設定を変更することで、より快適に撮影を行うことができる。

【追尾する被写体の乗り移り】

［ 設定方法 ］

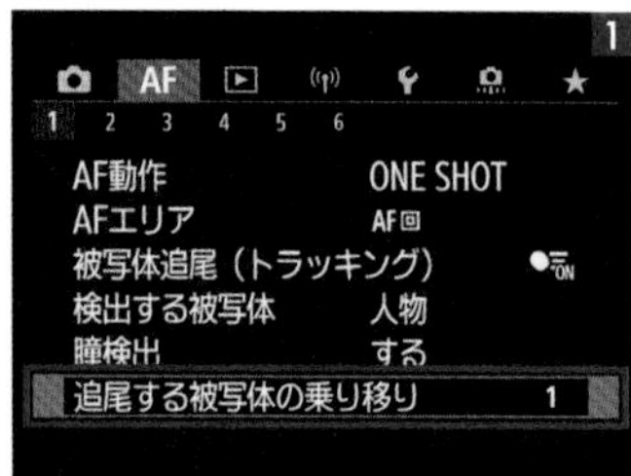

MENUボタンを押し、「**AF1**」から「追尾する被写体の乗り移り」を選択してSETボタンを押す。

2
追尾する被写体の乗り移り
緩やか
1
0 1 2
しない する
INFO ヘルプ
SET OK

被写体の乗り移りやすさを「する」「緩やか」「しない」から選択する。

【縦位置／横位置のAFフレーム設定】

［ 設定方法 ］

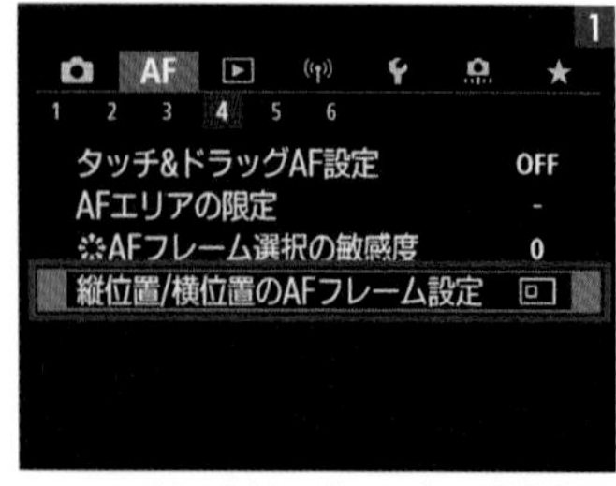

MENUボタンを押し、「**AF4**」から「縦位置／横位置のAFフレーム設定」を選択してSETボタンを押す。

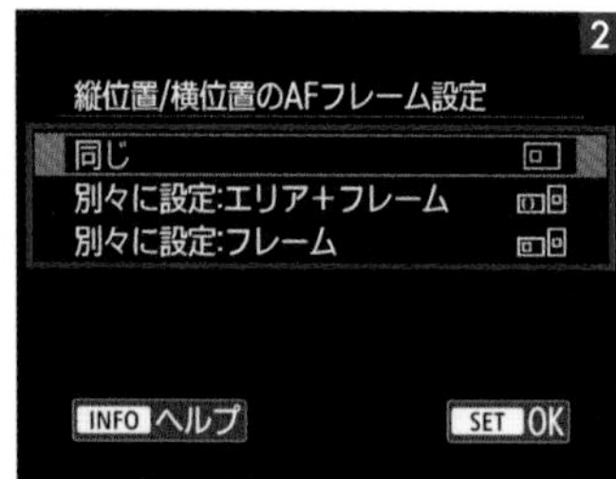

「同じ」か「エリア+フレーム」、「フレーム」から選択が可能。項目を選択してSETボタンを押すと設定される。

AFのカスタマイズ

2 サーボAF特性を知る

サーボAF特性は動く被写体を撮影するときに有効な設定だ。被写体とシーンごとにAUTOの設定を含めて、5つのCaseから設定することができる。状況に合わせてCaseを変更して撮影するとよいだろう。

[設定方法]

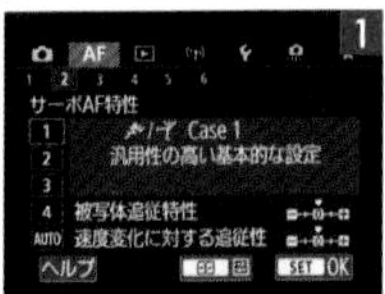

1 MENUボタンを押し、「**AF**2」から「サーボAF特性」を選択してSETボタンを押すと設定される。

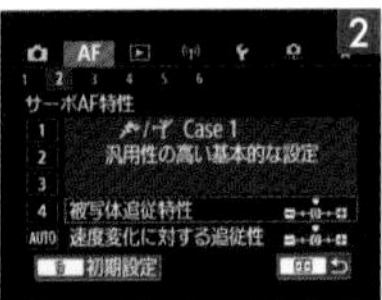

2 任意のCaseを選択し、INFOボタンを押すと「被写体追従特性」と「速度変化に対する追従性」を調整することができる。

ケース	マーク	内容	撮影シチュエーション
Case1		汎用性の高い基本的な設定。	動きのある被写体全般。
Case2		障害物が入るときや、被写体がAFフレームから外れやすいときに有効。	テニス、フリースタイルスキーなど。
Case3		急に現れた被写体に素早くピントを合わせたいときに有効。	自転車ロードレースのスタート、アルペン滑降スキーなど。
Case4		被写体が急加速・急減速するときに有効。	サッカー、新体操、モータースポーツ、バスケットボールなど。
CaseA	AUTO	被写体の動きの変化に応じて追従特性を自動で切り替えたいときに有効。	動きのある被写体全般で、特に撮影シーンがさまざまに変化するとき。

DATA
レンズ RF-S18-45mm F4.5-6.3 IS STM
モード 絞り優先AE
焦点距離 26mm
絞り F5
シャッター 1/60秒
ISO 100
WB 太陽光
露出補正 +0.7

モデルに動いてもらいながらサーボAFで撮影。樹木が手前に写りこみやすいシーンだったため、サーボAF特性をCase2に設定。瞳にピントをしっかり合わせながら撮影できた。

SECTION 08 マニュアルフォーカス(MF)

KEYWORD ▸▸▸ マニュアルフォーカス▶MF

1 MFに切り替える

EOS R7のAFは非常に優れているが、シーンによって狙い通りに作動しないことがある。例えば、コントラストが著しく低い被写体や極端な逆光下の撮影ではAFが迷いやすい。大きなボケを演出する場合も、ピント位置は定まりにくい。このような時はMFに切り替え、手動で自らフォーカスリングを調整し、ピント合わせを行ってみよう。

[設定方法]

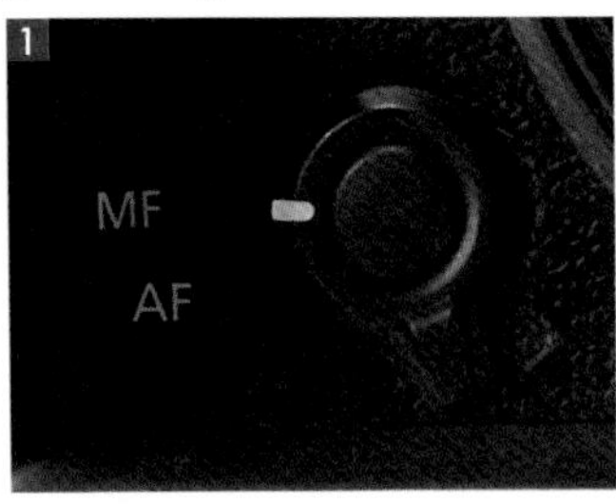

カメラ前面のフォーカスモードスイッチを「MF」に切り替えると、MFで撮影することができる。

レンズのフォーカスリングを動かして、ピントを合わせることが可能だ。

[操作手順]

フォーカスモードスイッチをMFにすると画面左上にMFマークが表示される。

⊡/🔍を押すと、フレームが表示される。正確にピントを合わせたい箇所を確認する。

メイン電子ダイヤルやマルチコントローラーでフレームの移動を行うことができる。

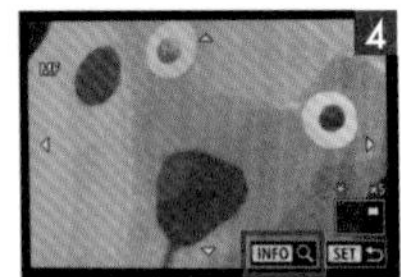

INFOボタンを押すと画面を拡大することができる。終了する場合はSETボタンを押す。

2 MFで撮影する

MFはシビアなピント合わせが必要なシーンで効果的だ。例えば、下の作例のように、絞りを開きながら被写体に寄って撮るときは、MFにすれば、よりシビアにピント位置を微調整しながら撮影に臨める。なお、キヤノンのレンズはAF時でもフォーカスリングを回すと、自動でMFに切り替わる仕組みになっている(電子式フルタイムMF)。撮影時はこの機能もうまく併用しよう。

DATA レンズ RF24mm F1.8 MACRO IS STM モード 絞り優先AE 焦点距離 24mm 絞り F2.8 シャッター 1/100秒 ISO 100 WB オート(雰囲気優先) 露出補正 +0.3

ハイビスカスを斜め横から接写。ピンポイントで黄色の花粉にピントを合わせたくてMFを使った。花は立体的で接写時は特にピント合わせが難しくなる。こうしたシーンは三脚を用い、カメラを固定しながらMFで撮るのもよい方法だ。

DATA レンズ RF100-400mm F5.6-8 IS USM モード シャッター優先AE 焦点距離 400mm 絞り F9 シャッター 1/1000秒 ISO 800 WB 日陰 露出補正 +0.3

事前にピント位置を決めておき、ピントの合った場所を通過する被写体を狙う行為を置きピン撮影というが、この際はMFや親指AFが効果的だ。この場面もMFで事前にピントを鉄柱に合わせておき、そこを電車が通過する瞬間を狙って連写した。

SECTION 09
MFのカスタマイズ

KEYWORD ▸▸▸ マニュアルフォーカス▶MFピーキング▶電子式フルタイムMF▶フォーカスガイド▶MF操作敏感度

1 MFピーキングで輪郭を強調する

MFピーキング設定とは、MFでピントを合わせるときにピントが合っている被写体の輪郭を強調表示できる機能のこと。輪郭の検出感度(レベル)や輪郭の色を変更できる。輪郭の色は赤、青、黄の3色から選択できるので、被写体に合わせて変更するのがよいだろう。

[設定方法]

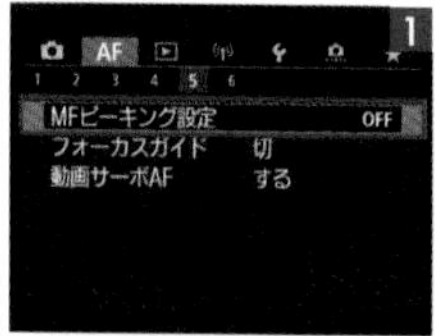

MENUボタンを押し、「**AF**5」から「MFピーキング設定」を選択してSETボタンを押す。

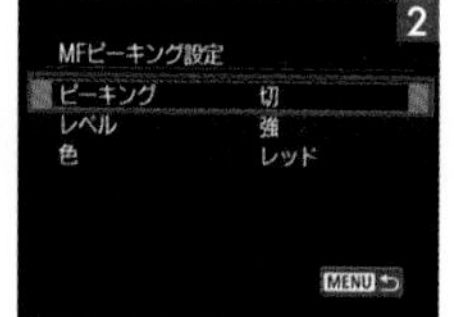

「ピーキング」を選択してSETボタンを押す。「レベル」や「色」もここで変更可能だ。

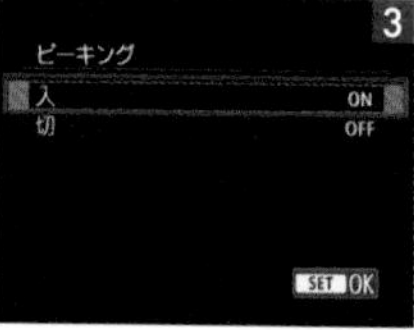

「入」にするとピーキングが設定される。

2 電子式フォーカスリングのピント調整

電子式フルタイムMFは特定のレンズを使用した際の、電子式フォーカスリングによる手動ピント調整の動作を設定できる機能だ。

[設定方法]

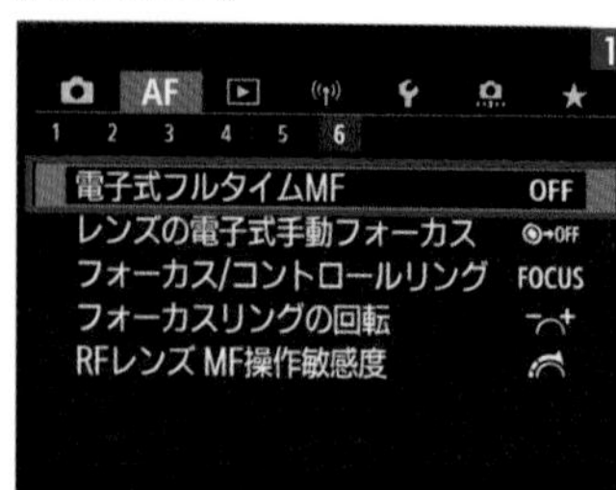

MENUボタンを押し、「**AF**6」から「電子式フルタイムMF」を選択してSETボタンを押す。

「有効」を選択し、SETボタンを押すと電子式フルタイムMFが設定される。

3 フォーカスガイドを設定する

フォーカスガイドとは、その時点で設定しているフォーカス位置から合焦（ピントの合った状態）方向へのガイドのこと。ONにすると、ピントの合った状態への調整方向と調整量をガイド表示で確認することができる。

［ 設定方法 ］

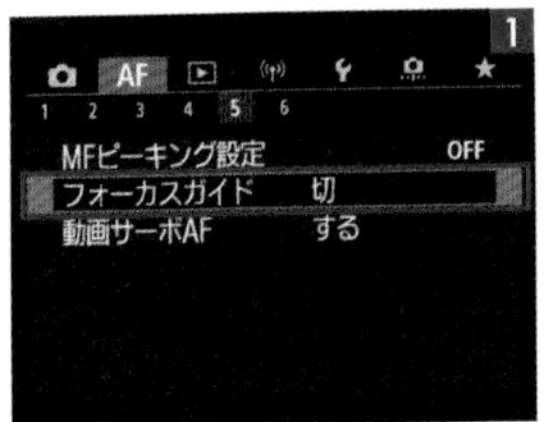

MENUボタンを押し、「**AF**5」から「フォーカスガイド」を選択してSETボタンを押す。

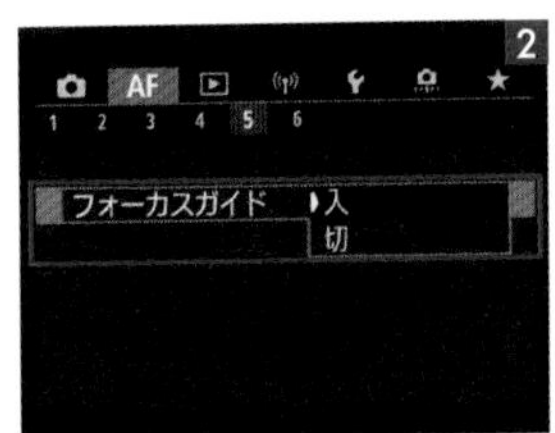

「入」を選択し、SETボタンを押すとフォーカスガイドが設定される。

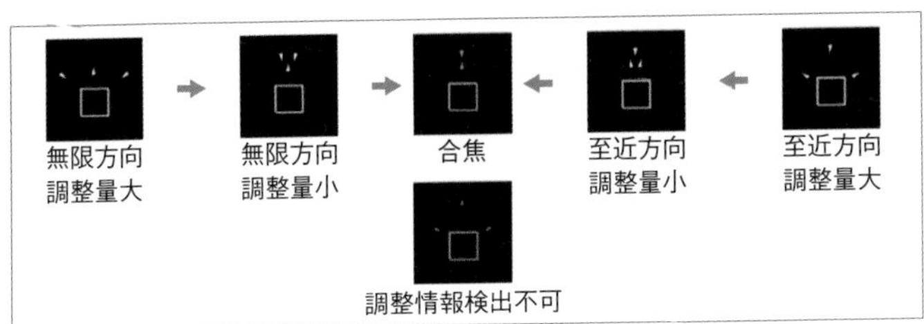

4 MF操作敏感度を設定する

RFレンズを使用しているとき、フォーカスリングを操作する際の感度を設定することができる。感度はリングの回転速度か回転量によって設定変更が可能だ。ただし、EFレンズは設定できない。

［ 設定方法 ］

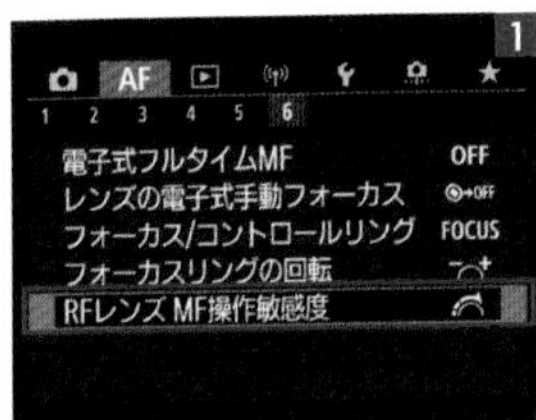

MENUボタンを押し、「**AF**6」の「RFレンズMF操作敏感度」を選択してSETボタンを押す。

リングの回転速度によって感度を変えるか、回転量によって感度を変えるかを選択する。

SECTION 10

シャッター方式

KEYWORD ▸▸▸ メカシャッター▶電子先幕▶電子シャッター

1 シャッター方式を設定する

EOS R7では、シャッター方式を「メカシャッター」「電子先幕」「電子シャッター」の3種類から選ぶことができる。シャッター方式は各々特徴があり、撮影シーンやシチュエーションによって設定するとよいだろう。

[設定方法]

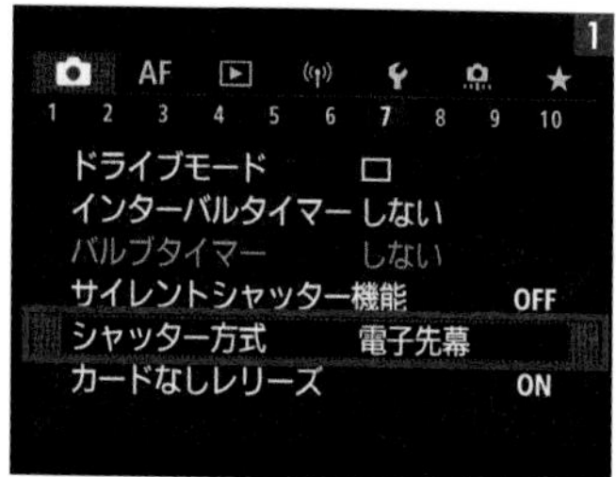

MENUボタンを押し、「📷7」から「シャッター方式」を選択してSETボタンを押す。

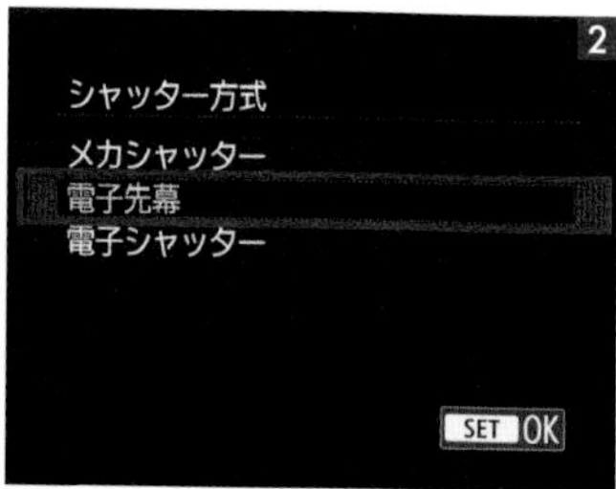

任意のシャッター方式を選択し、SETボタンを押すと設定される。

[シャッター方式の種類]

名称	内容
メカシャッター	撮影時にメカシャッターが作動する。明るいレンズの絞りを開いて撮影するときに選択するのがおすすめ。
電子先幕	三脚を使用する撮影ではメカシャッターよりもカメラブレを抑えられることがある。ストロボの同調シャッタースピードをメカシャッターよりも早く設定できる。
電子シャッター	メカシャッターや電子先幕よりもシャッター作動時の音や振動を抑えることができ、最高シャッタースピードを速く設定できる。明るいレンズの絞りを開いて撮影するときに選択するのがおすすめ。

2 メカシャッターで撮影する

メカシャッターは先幕と後幕の両幕を動かして撮影する。電子シャッター利用時は、動く被写体に対し像の歪み（ローリングシャッター現象）が生じやすくなるが、メカシャッターはこの現象が起きにくい。また、フリッカー（蛍光灯のちらつき）も出にくい。一方、シャッター羽を動かして撮影するため、ほかのシャッター方式に比べてシャッター音が大きい。シャッター幕が2枚動く仕様で、振動によりカメラブレしやすい機構になっていることも覚えておきたい。

DATA レンズ RF100-400mm F5.6-8 IS USM　モード シャッター優先AE　焦点距離 100mm　絞り F5.6　シャッター 1/1000秒　ISO 12800　WB オート（雰囲気優先）　露出補正 +0.3

EOS R7のメカシャッターは最高約15コマ／秒の高速連続撮影が可能。イルカのジャンプシーンも迫力いっぱいに切り取れる。こうした動く被写体は電子シャッターで撮ると、不自然な歪みが生じる可能性があるので注意したい。

3 電子先幕で撮影する

先幕は電子式で、後幕はメカシャッターを用いるシャッター方式だ。メカシャッターほどシャッター音が大きくなく、電子シャッターよりも動く被写体に対して像の歪みが生じにくい。また、メカシャッター同様、最高約15コマ／秒の連続撮影に対応することも重要なポイントだ。ちなみに、EOS R7のシャッター方式の初期設定は電子先幕になっている。普段はこの設定で問題ないだろう。必要に応じて、メカシャッターと電子シャッターを使い分けてみよう。

DATA レンズ RF-S18-150mm F3.5-6.3 IS STM モード 絞り優先AE 焦点距離 66mm 絞り F6.3 シャッター 1/320秒 ISO 100 WB 太陽光 露出補正 -0.3

猛スピードで進むリキシャを電子先幕で連写した。電子先幕は3つのシャッター方式の中でもっともバランスが取れていて、汎用性が高い。手ブレしにくく、低速撮影にも強い。

【ローリングシャッター現象を防ごう】

像が歪んで写るローリングシャッター現象は、電子シャッターのようなローリングシャッターを利用して撮影を行う場面で生じやすい。特に左の作例のように、電車などの四角い被写体を真横からとらえるようなシーンで起きやすい。この現象は電子シャッター以外のシャッター方式を用い、シャッタースピードを遅くすれば解決できる。

4 電子シャッターで撮影する

メカシャッターを使わないためシャッター音がなく、撮っている感覚は希薄だ。最初は慣れが必要だろう。手ブレは生じにくく、秒間のコマ数は3方式の中でもっとも多く、最高約30コマ／秒。シャッタースピードも1/16000秒まで利用可能だ。一方、動きの速い被写体をとらえるときはローリングシャッター現象と呼ばれる像の歪みが生じやすくなるので注意。特に、真横から高速の電車や車をとらえる際などは、ほかのシャッター方式を検討するとよいだろう。

DATA レンズ RF24mm F1.8 MACRO IS STM　モード マニュアル　焦点距離 24mm
絞り F1.8　シャッター 1/16000秒　ISO 100　WB 太陽光

電子シャッターは1/16000秒という高速シャッターが利用できるのも大きな特長だ。ほかの方式では1/8000秒までのシャッタースピードとなる。晴天下の明るい場所で、大口径レンズの開放値を使って撮りたい場面などでは、露出の調節にこの高速シャッターが生きてくる。

電子シャッターによる静音撮影

電子シャッターはシャッター音がしないと述べたが、電子音がONになっていると、ピントが合った際やシャッターを切った時に電子音が鳴る。無音で撮りたければ、🔧3「電子音」を「切」に設定しよう。また、サイレントシャッター（→P.34）はこの電子シャッターを活用した機能だ。サイレントシャッター機能をONにしても同じ効果がある。

SECTION 11

連続撮影

KEYWORD ▸▸▸ 高速連続撮影 ▶ 低速連続撮影

1 連続撮影を知る

子どもが歩いている様子や表情の移り変わりを写し止めるなら、連続撮影がおすすめだ。電子シャッター時は最高約30コマ／秒で連続撮影ができるため、決定的瞬間は逃さないだろう。EOS R7の連続撮影モードは3種類あり、ドライブモードから変更することができる。シャッター方式で撮影できる枚数が異なるため、事前に確認しておこう。

［シャッター方式の種類］

名称	連続撮影の種類	コマ／秒
メカシャッター	高速連続撮影+	最高約15
	高速連続撮影	最高約6.5
	低速連続撮影	最高約3
電子先幕	高速連続撮影+	最高約15
	高速連続撮影	最高約8
	低速連続撮影	最高約3
電子シャッター	高速連続撮影+	最高約30
	高速連続撮影	最高約15
	低速連続撮影	最高約3

［設定方法］

1 M-Fnボタンを押す。

2 サブ電子ダイヤルを回して、ドライブモードを選択する。

3 メイン電子ダイヤルを回して、任意の連続撮影モードを選択する。

4 設定した連続撮影モードがモニターに表示される。

2 高速連続撮影+で撮影する

EOS R7の中で、もっとも高速で連写できるのが高速連続撮影+だ。シャッターボタンを全押ししている間、最高約15コマ/秒で撮影が行える(メカシャッター/電子先幕時)。野鳥やスポーツ、乗り物など被写体が高速で動く様子をつぶさに記録したい時に有効だ。撮影後にベストショットを選ぶことができる。

シャボン玉が出てくる様子をしっかりとらえるため、電子シャッターを使い、高速連続撮影+で撮影した。電子シャッターの場合、最高約30コマ/秒の高速連写が可能になる。

DATA レンズ RF100-400mm F5.6-8 IS USM モード シャッター優先AE 焦点距離 118mm 絞り F6.3 シャッター 1/2500秒 ISO 1600 WB 太陽光 露出補正 +0.7

3 低速連続撮影で撮影する

連続撮影機能は動く被写体の速さに応じて速度を選ぼう。どんなシーンも高速連写で撮っていると、写真を選ぶのに時間がかかってしまう。また、高速連写はメモリーカードに記録するコマ数が多くなるため、カードのスペックによっては書き込みが追いつかず一時的に撮影が中断されてしまうことも。低速連続撮影であれば、そうした現象も回避しやすい。

低速連続撮影は、シャッター方式に関わらず最高約3.0コマ/秒の連写になる。子どもが遊具で遊ぶ様子などは、十分この連写速度で対応できる。動き出したばかりの乗り物を撮る際も低速連続撮影が有効だ。

DATA レンズ RF-S18-150mm F3.5-6.3 IS STM モード シャッター優先AE 焦点距離 24mm 絞り F4 シャッター 1/500秒 ISO 320 WB オート(雰囲気優先) 露出補正 +0.7

SECTION 12 セルフタイマー撮影とリモコン撮影

KEYWORD ››› セルフタイマー ▶ リモコン撮影

1 セルフタイマー撮影を知る

記念写真では、撮影者自身も入って写したいこともあるだろう。そんなときに重宝するのがセルフタイマーだ。撮影前には、あらかじめ構図と撮影者が入るスペースを決めておくのがおすすめ。セルフタイマーの時間は2秒と10秒が選択でき、さらに連続撮影は最大10枚までタイマー撮影が可能だ。

[設定方法]

M-Fnボタンを押し、サブ電子ダイヤルを回して、ドライブモードから選択していく。

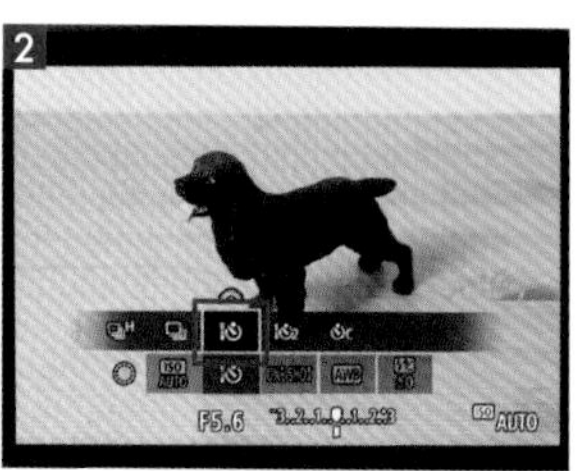

メイン電子ダイヤルを回して、任意のセルフタイマーを設定する。「📷7」の「ドライブモード」では連続撮影のセルフタイマーの枚数を選択できる。

[セルフタイマーの種類]

🕙	10秒後に撮影される。
🕙2	2秒後に撮影される。
🕙C	10秒後に設定枚数が連続撮影される。

2 リモコン撮影を知る

セルフタイマー撮影でうまく併用したいのが、別売りのリモートコントローラーやリモートスイッチだ。離れた場所からでも快適に撮影が行える。ドライブモードをセルフタイマーに設定した上で、リモコン操作を行う。「🕙2」に設定すると、2秒後にシャッターが切れる。「🕙」に設定すると、リモコン操作後すぐにシャッターが切れる。

【リモートコントローラーRC-6】

約5m離れてシャッター操作が可能。
即レリーズと2秒後レリーズの2モードが選択できる。

【リモートスイッチRS-80N3】

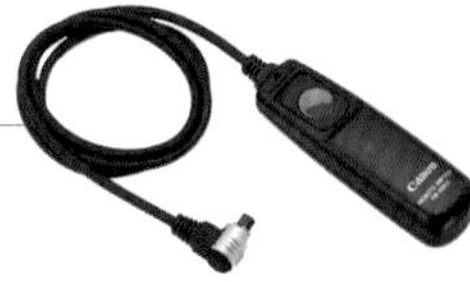

新リモコンソケット対応のコード長80cmの
有線タイプのリモートスイッチ。

【ワイヤレスリモートコントローラーBR-E1】

カメラとのペアリングを行うことで、
撮影・録画・ピント合わせ・ズーム操作などが可能。

DATA レンズ RF-S18-45mm F4.5-6.3 IS STM モード 絞り優先AE 焦点距離 25mm
絞り F5.6 シャッター 1/100秒 ISO 400 WB 太陽光 露出補正 +0.7

こうした集合写真ではセルフタイマー機能が重宝する。ここではリモートコントローラーRC-6を使った。カメラから離れていてもタイミングを見ながらシャッターが押せて快適だ。

2秒タイマーを活用しよう

シャッターボタンを押して2秒後に撮影を開始する2秒タイマーは、三脚を使った長秒撮影でうまく活用したい機能だ。シャッターボタンを押す際にカメラが動いて生じるカメラブレを未然に防ぐことができる。夜景やテーブルフォトなどの撮影のほか、ブレが生じやすい望遠レンズを使った撮影でも有効だ。わずかなブレも解消できる。

Column

RAWバーストモードで撮る

RAWバーストモードは約30コマ/秒の高速連写でRAW画像を記録できる機能だ。最大の特長は、シャッターボタンを全押しした瞬間の約0.5秒前からプリ撮影できることだ。鳥が飛び立つ瞬間など、事前に予測しづらい動きにも対応できる。なお、シャッター方式は電子シャッターとなる。撮った画像は1つのロールとして扱われ、写真画像として利用したい場合は好みのRAW画像をロールから切り出して保存する。切り出しはカメラ内、またはDigital Photo Professional4（→P.172）で行う。

[設定方法]

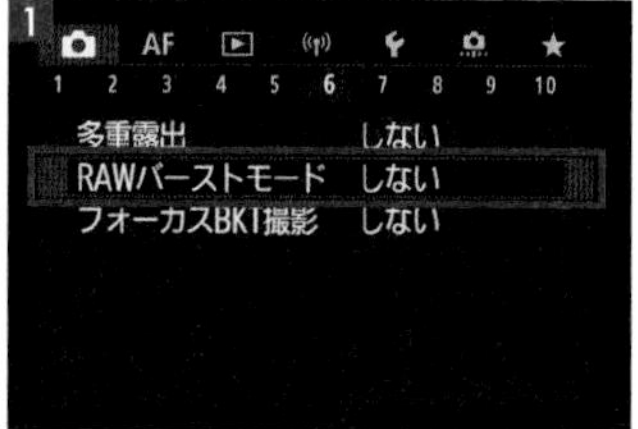

MENUボタンを押し、「📷6」から「RAWバーストモード」を選択してSETボタンを押す。

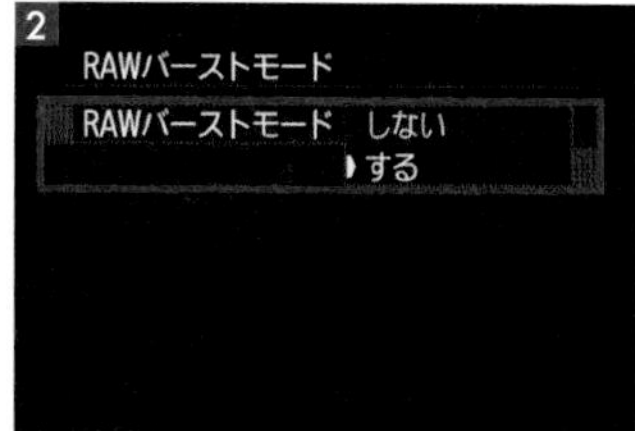

「する」を選択し、SETボタンを押すと設定される。

DATA レンズ RF100-400mm F5.6-8 IS USM モード シャッター優先AE 焦点距離 325mm 絞り F8 シャッター 1/2000秒 ISO 4000 WB 太陽光 露出補正 +0.3

トンボが飛び立つ瞬間をRAWバーストモードで撮影し、ベストな部分を切り出しJPEGに出力した。すべてカメラ内で処理している。プリ撮影に対応することで、予測できない一瞬も逃さず記録できる。

第3章

露出機能

SECTION 01

かんたん撮影ゾーン

KEYWORD ▸▸▸ シーンインテリジェントオート(A+) ▶スペシャルシーン ▶クリエイティブフィルター

1 シーンインテリジェントオート(A+)を知る

シーンインテリジェントオート(全自動撮影)は、すべてカメラ任せに撮影できるモードだ。モードダイヤルではA+で表記される。カメラがシーンを解析し、適した設定を自動で選んでくれるため、楽に撮影ができる。人物であれば、人物を撮るのに最適な設定が、動く被写体であれば、ピントがしっかり合わせられる設定が自動で選択される。

DATA レンズ RF24mm F1.8 MACRO IS STM モード シーンインテリジェントオート 焦点距離 24mm 絞り F5 シャッター 1/320秒 ISO 100 WB オート(雰囲気優先) 露出補正 -1

シーンインテリジェントオートで撮影。このモードは全自動だが、クリエイティブアシスト機能が搭載され、ガイドに従うだけで背景のボケ具合や明るさなどを自分好みに効果を付けて撮影できる。ここでも葉を透かす光が強調されるように、明るさを暗めに撮影した。

[設定方法]

1 モードダイヤルを回して、「A+」にする。

2 モニターに「シーンインテリジェントオート」が表示されたらSETボタンを押す。

かんたん撮影ゾーン

2 スペシャルシーンを知る

スペシャルシーンでは、目の前の被写体に対し、シーンを選択するだけで撮影に適した機能が自動選択され、カメラ任せで撮影できる。モードダイヤルではSCNで表示される。「ポートレート」や「風景」など、汎用性の高いものから、「パノラマショット」や「流し撮り」など個性的なテクニックまで、バリエーション豊かな全13種類から選択できる。

DATA
レンズ
RF-S18-45mm F4.5-6.3 IS STM
モード HDR逆光補正
焦点距離 28mm
絞り F5.6
シャッター 1/500秒
ISO 320
WB オート(雰囲気優先)

やや逆光気味のシーンだったので、スペシャルシーンの「HDR逆光補正」に設定。暗くなりがちな人物の顔も明るくなり、背景も白飛びせずに撮影できた。

3 クリエイティブフィルターを知る

クリエイティブフィルターでは、フィルター効果を付けて撮影できる。モードダイヤルでは◎で表示される。ラフモノクロやソフトフォーカスなど全10種類から選択でき、それぞれで効果の強さを自分好みに変更できる。描写がマンネリ化してきたときや、視点を変えて撮りたいときなどに適用してみるのもおすすめだ。

DATA
レンズ
RF-S18-150mm F3.5-6.3 IS STM
モード ラフモノクロ
焦点距離 24mm
絞り F4
シャッター 1/80秒
ISO 100
WB オート(雰囲気優先)

ざらついた質感が特徴的なラフモノクロで撮影。このように何気ない街の様子も、フィルター効果を適用するだけでアーティスティックに切り取れる。

SECTION 02

プログラムAE(P)

KEYWORD ▸▸▸ プログラムAE(P) ▶プログラムシフト

1 プログラムAE(P)を知る

プログラムAE(P)は露出の決定をカメラ側が自動で行う撮影モードだ。シャッターチャンスを逃したくない場面や、あまり画作りにこだわりのない気軽なスナップ撮影などに最適である。絞りやシャッター速度はカメラ側で自動で決まるが、ISO感度やホワイトバランスなどの設定は撮影者が自由に設定できる。

DATA レンズ RF-S18-150mm F3.5-6.3 IS STM モード プログラムAE 焦点距離 18mm 絞り F9 シャッター 1/400秒 ISO 100 WB 太陽光 露出補正 +0.3

青空を背景に、川岸に並ぶ船をプログラムAEで撮影した。このような特定の絞り値やシャッター速度を選択する必要のないシーンでは、プログラムAEが最適。全体的にシャープな質感で切り取れた。

[設定方法]

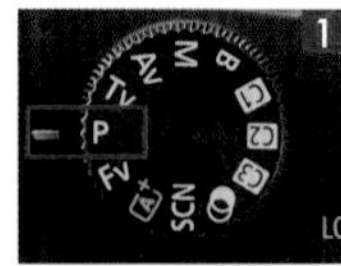

1 モードダイヤルを回して、「P」にする。

2 モニターに「プログラムAE」が表示されたらSETボタンを押す。

2 プログラムシフトで撮る

プログラムシフトはカメラが最初に選んだ絞りとシャッター速度の組み合わせを、露出を変えずにそのまま変更できる機能だ。露出は変えずにボケ具合を変更したいときや、動く被写体の描写を調整したいときなどに重宝する。プログラムシフトはシャッターボタン上のメイン電子ダイヤルを回すことで変更できる。

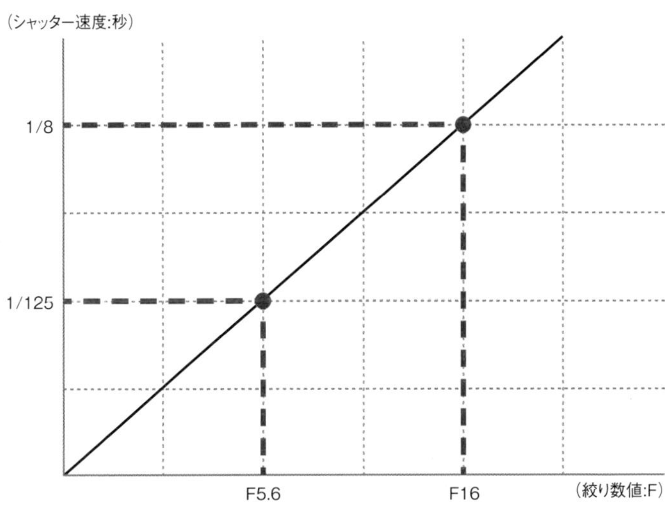

【F5.6／1/125秒】

【F16／1/8秒】

上の作例は、同じ露出で絞り値とシャッター速度の組み合わせをプログラムシフトで変えたものだ。写真の明るさは変わらないが、ここでは背景ボケに違いが生まれている。

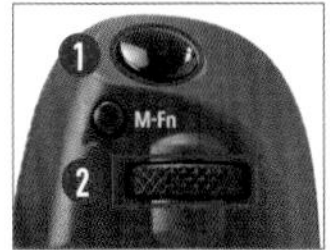

［ プログラムシフトの設定方法 ］

撮影モードをプログラムAEに設定する。❶シャッターボタンを半押しして、❷メイン電子ダイヤルを回すと、絞り数値とシャッタースピードの組み合わせが変わる。

SECTION 03

絞り優先AE（Av）

KEYWORD ▸▸▸ 絞り優先AE（Av）▶パンフォーカス

1 絞り優先AE（Av）を知る

絞り優先AE（Av）は、絞り数値（F値）を自分好みに変更できる撮影モードだ。主にピントの合う範囲（被写界深度）を調整したいときに利用する。写真はピントの合う範囲が違うだけで、同じ構図でも印象が大きく変化する。そういった意味でも、風景からポートレートまでさまざまな被写体で利用する機会の多い撮影モードといえる。

DATA レンズ RF24mm F1.8 MACRO IS STM モード 絞り優先AE 焦点距離 24mm 絞り F1.8 シャッター 1/1000秒 ISO 100 WB オート（雰囲気優先） 露出補正 +0.3

こうした人物撮影では、背景を大きくぼかすことで表情を印象的に見せることができる。絞り優先AEを用いることで、より自由に好みの背景ボケを演出できるようになるのだ。

［ 設定方法 ］

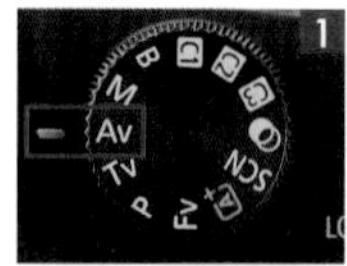

1 モードダイヤルを回して、「Av」にする。

2 モニターに「絞り優先AE」が表示されたらSETボタンを押す。

2 ぼかして撮る

絞り優先AEで絞り数値を小さくすれば（絞りを開けば）、ピントの合う範囲を狭めた（被写界深度を浅くした）ボケ描写が気軽に行えるようになる。ボケを大きくすると、ピントの合った面がより引き立ち印象的に見える。ポートレートや花、テーブルフォトなどでは、絞りを開くことで柔らかな印象を写真に持たせることができる。

DATA
レンズ RF24mm F1.8 MACRO IS STM
モード 絞り優先AE
焦点距離 24mm
絞り F1.8
シャッター 1/6400秒
ISO 100
WB オート（雰囲気優先）
露出補正 +0.3

F1.8まで絞りを開き撮影。美しい背景ボケとともに描写できた。なお、設定できる絞り数値の幅はレンズ側に依存する。そのレンズで利用できる最小の絞り数値を開放絞り数値と呼ぶが、これもレンズによって異なる。

3 パンフォーカスで撮る

手前から奥まで広くピントの合った状態（被写界深度の深い状態）をパンフォーカスという。パンフォーカスで撮りたければ、絞り優先AEで絞り数値を大きくする（絞りを絞る）とよい。ピントの合う範囲が広がることで、情報量の多い写真に仕上ることができ、自然風景や建物などは、メリハリのあるシャープな印象で情景を描写できる。

DATA
レンズ RRF-S18-45mm F4.5-6.3 IS STM
モード 絞り優先AE
焦点距離 18mm
絞り F11
シャッター 1/200秒
ISO 100
WB 太陽光

手前の日除けを主題にしつつ、奥の風景もしっかり見せるため、F11まで絞って撮影。近景から遠景までがシャープに写り、どんな場所かがよくわかる描写になった。

SECTION 04

シャッター優先AE(Tv)

KEYWORD ▸▸▸ シャッター優先AE(Tv) ▶高速シャッター ▶低速シャッター

1 シャッター優先AE(Tv)を知る

シャッター優先AE(Tv)はシャッタースピードを自分好みに変更できる撮影モードだ。主に動く被写体を撮るときに用いることが多い。高速シャッターで被写体を止めたり、低速シャッターで被写体を意図的にぶらしたり、さまざまな動きの描写がシャッター優先AEで実践できる。また、暗所の撮影では手ブレをしないように、シャッター優先AEで高速シャッターを設定することもある。

DATA ▶ レンズ RF-S18-150mm F3.5-6.3 IS STM　モード シャッター優先AE　焦点距離 35mm　絞り F32　シャッター 1/10秒　ISO 100　WB 太陽光　露出補正 -0.3

通りすぎるバスを流し撮りした。流し撮りは、動く被写体の速さや向きに合わせ、低速シャッターでカメラを動かしながら撮影する。こうした描写もシャッター優先AEが効果的だ。

[設定方法]

1 モードダイヤルを回して、「Tv」にする。

2 モニターに「シャッター優先AE」が表示されたらSETボタンを押す。

2 高速シャッターで撮る

動きの速い被写体は、シャッター優先AEでシャッタースピードを速くして撮ってみよう。肉眼ではとらえることが難しい決定的瞬間を、しっかり止めてつぶさに記録できるようになる。これもまさしく写真ならではの表現だ。この際は、連写機能やAF機能もうまく組み合わせ、ブレだけでなくピントもしっかり意識しながら撮影に臨もう。

DATA

レンズ RF100-400mm F5.6-8 IS USM
モード シャッター優先AE
焦点距離 100mm
絞り F5.6
シャッター 1/1000秒
ISO 12800
WB オート(雰囲気優先)
露出補正 +0.3

イルカショーの一幕。1/1000秒の高速シャッターで撮影することで、水しぶきまでしっかり止めて描写できた。高速連続撮影＋とサーボAFの組み合わせで撮影している。

3 低速シャッターで撮る

動く被写体は止めて写す方法もあるが、逆にぶらして動感を演出する撮り方もある。その典型例が水流の描写だ。ぶらすことで、絹糸のように滑らかな質感で水の流れを撮影できる。こうした低速撮影で注意したいのが手ブレだ。画面全体がぶれないように、カメラはしっかり三脚(→P.126)で固定して撮影に臨むようにしよう。

DATA

レンズ RF-S18-45mm F4.5-6.3 IS STM
モード シャッター優先AE
焦点距離 45mm
絞り F9
シャッター 0.8秒
ISO 100
WB 太陽光
露出補正 -0.3

0.8秒の低速シャッターで撮影。ぶれた水流が印象的だ。こうした描写はぶれている部分とぶれていない部分のメリハリが重要。画面全体がぶれないように、三脚でカメラを固定して撮影した。

SECTION 05 マニュアル(M)

KEYWORD ▸▸▸ マニュアル(M)

1 マニュアル(M)を知る

マニュアル(M)は、絞り数値とシャッタースピードを含む、すべての設定を自分で調整できる撮影モードだ。操作には慣れが必要で、カメラの仕組みも理解していることが前提になるが、うまく扱えればさまざまなシーンで大きな力を発揮する。苦手意識を持たず、自分の撮影スタイルの中にうまく入れこんで活用してみよう。

[設定方法]

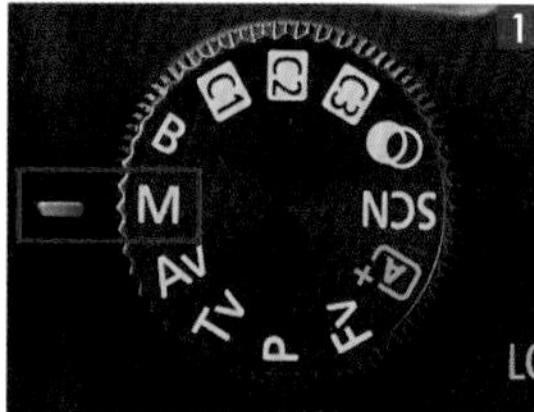

モードダイヤルを回して、「M」にする。

モニターに「マニュアル露出」が表示されたらSETボタンを押す。

マニュアルモードでは、ダイヤルを回すことで絞り数値とシャッタースピードを自由に設定できる。

メイン電子ダイヤルを回すとシャッタースピードを変更することができる。

サブ電子ダイヤルを回すと絞り数値を変更することができる。

2 マニュアル(M)で撮影する

マニュアル露出は絞り数値やシャッタースピードを自由に調整できるため、ボケ具合や動感、露出などを直感的に変更しながら撮影できるのが大きな魅力だ。ほかの撮影モードで狙い通りの露出にならないときや、露出を固定して撮りたいときなどにも使ってみたい。なお、ISOオート利用中は、絞り数値やシャッタースピードを変更しても、露出が変わらない。これは設定値に合わせてISO感度が変動するためだ。露出を変えたければ、露出補正(→P.78)を利用しよう。

DATA レンズ RF-S18-150mm F3.5-6.3 IS STM モード マニュアル 焦点距離 70mm 絞り F6.3 シャッター 0.5秒 ISO 100 WB オート(雰囲気優先)

テーブルフォトなどの静物は、一度露出を決めたらそのまま固定したほうが、撮影がスムーズになる。ここではマニュアル露出で露出を固定。三脚でカメラをセットし、構図を吟味しながら撮影した。

DATA レンズ RF-S18-45mm F4.5-6.3 IS STM モード マニュアル 焦点距離 18mm 絞り F11 シャッター 1/160秒 ISO 100 WB 太陽光 露出補正 -0.7

ISOオートに設定し、マニュアル露出で撮影。絞りを絞って、シャープな質感で表現したものだが、好みの絞り数値とシャッタースピードで撮影できた。明るさは露出補正で暗めに設定。ビルへの映り込みを強調している。

SECTION 06

フレキシブルAE（Fv）

KEYWORD ▸▸▸ フレキシブルAE（Fv）

1 フレキシブルAE（Fv）を知る

フレキシブルAEは、絞り数値とシャッタースピード、ISO感度をオートか任意設定にし、露出補正と組み合わせながらフレキシブルに撮影できるモードだ。魅力は、ここまで解説してきた4モード（P、Av、Tv、M）を、この撮影モード1つでカバーできることだ。慣れてしまえば、これほど便利な機能はない。撮影モードを切り替える手間が省ける。

DATA レンズ RF-S18-45mm F4.5-6.3 IS STM モード フレキシブルAE 焦点距離 45mm 絞り F10 シャッター 1/160秒 ISO 100 WB 太陽光

海辺の情景をフレキシブルAEで切り取った。絞り数値とシャッタースピード、ISO感度のいずれもオートに設定し、プログラムAEのように使った。このモードはどんな被写体にも対応できる汎用性の高さが特長だ。

［ 設定方法 ］

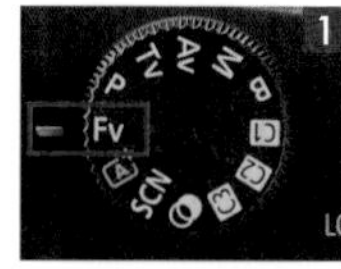

モードダイヤルを回して、「Fv」にする。

モニターに「フレキシブルAE」が表示されたらSETボタンを押す。

フレキシブルAE（Fv）

2 フレキシブルAE(Fv)で撮影する

フレキシブルAEの魅力は4つの撮影モードに対応することだ。ワンシーンの中で、さまざまなカットを撮影するときは特にこの撮影モードが生きる。下の作例は、ポートレートをフレキシブルAEで撮ったものだが、1枚は絞り優先AEとして使い、もう1枚はシャッター優先AEのように使った。仕上げたい内容に合わせて直感的に操作できるのがよい。

DATA レンズ RF24mm F1.8 MACRO IS STM モード フレキシブルAE 焦点距離 24mm
絞り F1.8 シャッター 1/1250秒 ISO 100 WB オート(雰囲気優先) 露出補正 +1

フレキシブルAEでポートレートを撮影した。絞りは任意設定に、それ以外はオートに設定し、絞りを開いて背景ボケを演出しながら、人物の表情を引き出した。露出補正も明るめに設定。爽やかな仕上がりになった。

DATA レンズ RF24mm F1.8 MACRO IS STM モード フレキシブルAE 焦点距離 24mm
絞り F13 シャッター 1/15秒 ISO 100 WB オート(雰囲気優先) 露出補正 +0.7

こちらもフレキシブルAEで撮影。今度はシャッタースピードを任意設定にし、それ以外はオートに設定。低速シャッターによる流し撮りを実践した。上と同じシーンだが、撮影モードを切り替える手間が省けた。

SECTION 07 露出補正

KEYWORD ▸▸▸ 露出補正▶プラス補正▶露出オーバー▶マイナス補正▶露出アンダー

1 露出補正を知る

撮影の際は、光の量を絞りとシャッタースピードで調整して、露出をコントロールしている。プログラムAEやフレキシブルAEでは、露出が自動に設定されるが、カメラが決めた標準露出は状況によっては必ずとも正しい露出とは限らない。自分が求める明るさや暗さにならない場合に露出を調整することを露出補正という。

[設定方法(サブ電子ダイヤル)]

撮影モードをP、Av、Tv、M、Fvのいずれかに設定する。シャッターボタンを半押しすると、「露出レベル表示」が確認できる。

明るく補正したい場合はサブ電子ダイヤルを右に回す。

暗く補正したい場合はサブ電子ダイヤルを左に回す。

[設定方法(タッチ操作)]

モニターに表示されている「露出レベル表示」をタッチすると設定が行える。

明るく補正したい場合は右側をタッチする

暗く補正したい場合は左側をタッチする。

露出補正

2 プラスに補正する

カメラは白いもしくは明るい被写体に対しては、明るすぎると判断して実際よりも暗めに露出を決めがちだ。撮影してみて自分のイメージと異なるときは、プラス補正して明るめに撮ろう。雪景色や白い花、明るい砂浜などもこの現象が生じやすい。なお、プラス補正時はシャッター速度が遅くなりやすいので、手ブレにも注意を払おう。

【±0】

【+1】

花びらが白かったため、露出補正せずにそのまま撮ったら、実際よりもかなり暗めに写ってしまった。この状態を露出アンダーという。プラス補正することで、見た目に近づけることができた。補正の幅は被写体に応じてその都度判断していこう。

3 マイナスに補正する

カメラは黒いもしくは暗い被写体に対しては、先ほどとは逆に、暗すぎると判断して実際よりも明るめに露出を決めがちだ。暗部がいたずらに明るく補正されてしまうと、メリハリを欠いた描写になってしまう。実際に撮影してみて自分のイメージと異なるときは、マイナス補正して暗めに撮ろう。

【±0】

【-2】

柔らかい外光が射し込む印象的なシーンだが、かなり暗く背景が沈むような場所だったため、カメラ側がかなり明るめに撮ってしまった。この状態を露出オーバーという。マイナス補正することで、見た目に近い重厚な仕上がりになった。

SECTION 08

ISO感度を理解する

KEYWORD ▸▸▸ ISO感度

1 ISO感度を知る

ISO感度とは、カメラの画像の画像素子（イメージセンサー）が光を感じる度合いを数値化したもの。ISO感度が大きいと光を感じる力が大きく、暗い場所でも速いシャッタースピードで撮影ができたり、より絞り込んで撮影ができたりする。ただし、高感度になるほどノイズが発生するため、高感度に設定する際は注意が必要だ。

［ 設定方法（ISO感度設定ボタン）］

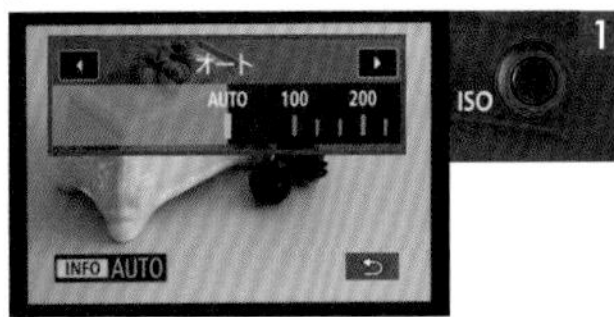

ISO感度設定ボタンを押すと、ISO感度の設定画面が表示される。

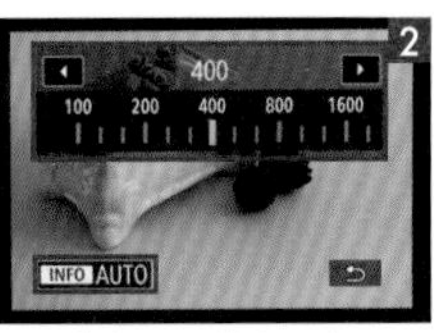

ISO感度はサブ電子ダイヤルを回して設定する。INFOボタンを押すと、AUTOに設定される。

［ 設定方法（タッチ操作）］

モニターに表示されている「ISO感度」をタッチする。

メイン電子ダイヤルやサブ電子ダイヤル、マルチコントローラーを回してISO感度の数値を設定する。

ISO感度	シーン
AUTO	撮影モードと撮影シーンに応じて、自動でISO感度が設定される。
100~400	晴天時の屋外や明るい室内などの撮影に向いている。高画質で撮影したいときにおすすめ。
400~2500	曇りや夕方の屋外などの撮影に向いている。適切なシャッタースピードを確保でき、画質が悪くならない。
2500~25600	夜の屋外や暗い室内などの撮影に向いている。ただし、ノイズが出やすくなる可能性がある。

2 適切なISO感度を設定する

EOS R7の常用ISO感度はISO100～32000だ。拡張すればISO51200まで利用できるが、画質が劣化するため極力利用は避けたほうがよい。ISO感度は低感度ほどノイズが少なく高画質になるが、暗所では手ブレしやすくなる。明るい場所ではISO100～800前後を、暗所での手持ち撮影ではISO1600～6400前後をひとつの目安にしてみよう。

【ISO100】

【ISO6400】

3 ISOオート時の自動設定範囲を設定する

EOS R7ではISOオートに設定しているときの範囲を設定することができる。ISOオートの自動で設定される感度は、ISO100～ISO51200の範囲から1段ステップで設定が可能だ。撮影に応じて、自分好みのISO感度の範囲で設定するとよいだろう。

［ 設定方法 ］

MENUボタンを押し、「2」から「ISO感度に関する設定」を選択してSETボタンを押す。

「オートの範囲」を選択してSETボタンを押す。

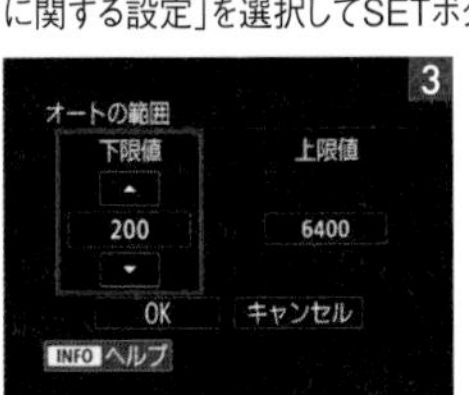

「下限値」を選択して、任意の数値を十字キーで設定してSETボタンを押す。

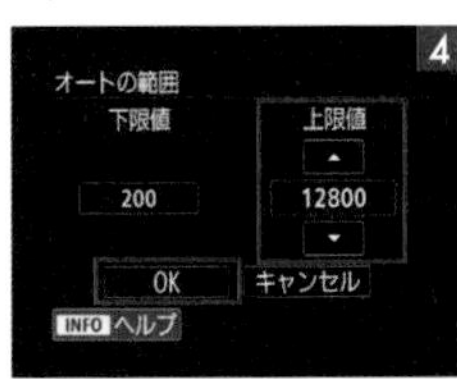

「上限値」を選択して、任意の数値を十字キーで設定して「OK」を選択する。

SECTION 09

測光モード

KEYWORD ▸▸▸ 評価測光▶部分測光▶スポット測光▶中央部重点平均測光

1 測光モードを知る

測光モードとは、被写体の明るさを測る機能のこと。画面内のどの部分の明るさを、どのように測定するのかを設定することができる。測光モードは4種類あり、自動で露出を補正する「評価測光」、逆光など強い光があるときに有効な「部分測光」、被写体の特定部分を測光する「スポット測光」、画面全体を平均的に測光する「中央部重点平均測光」がある。

[設定方法]

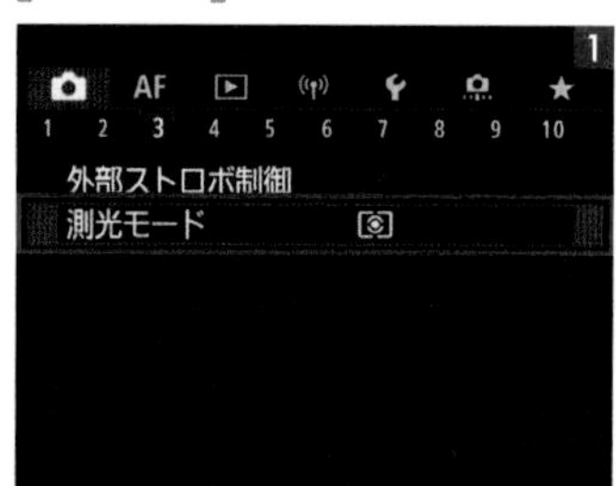

MENUボタンを押し、「📷3」から「測光モード」を選択してSETボタンを押す。

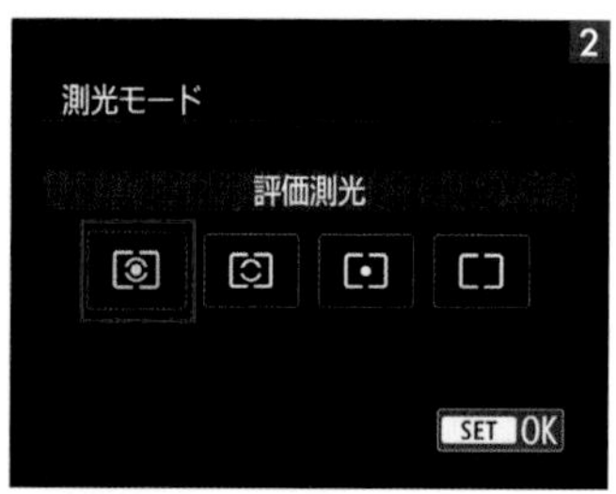

任意の測光モードを選択してSETボタンを押すと設定される。

2 測光モードを選択する

測光モードは測光を行う範囲や割合に応じて、評価測光、部分測光、スポット測光、中央部重点平均測光の4種類から選択できる。この中でもっとも標準露出を割り出しやすいのが評価測光だ。通常はこの測光モードを設定しておこう。明暗差の大きなシーンや部分的に露出を合わせたいときに、ほかの測光モードを試してみるのがよい。

【評価測光】

画面を384分割し、それぞれのエリアを参考に、平均的に露出を割り出していくのが特徴。逆光を含む、一般的な撮影に適している。通常時はこの設定で問題ないだろう。

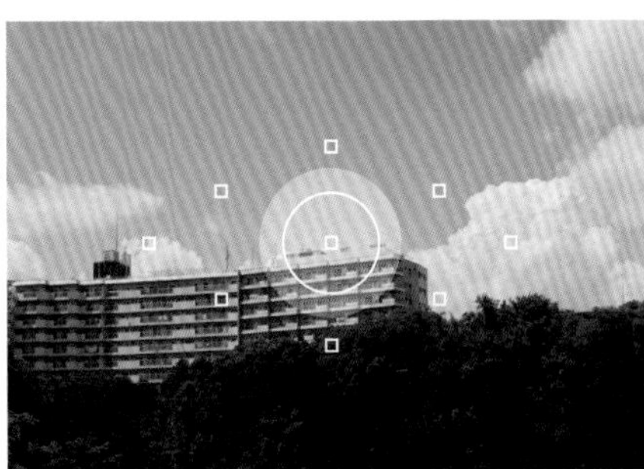

【部分測光】

画面中央の約6.0%の範囲を対象に測光を行う。測光範囲は画面に表示される。逆光などで被写体の周辺に強い光があるときなどに有効な測光モードだ。ポートレートなどで使われることもある。

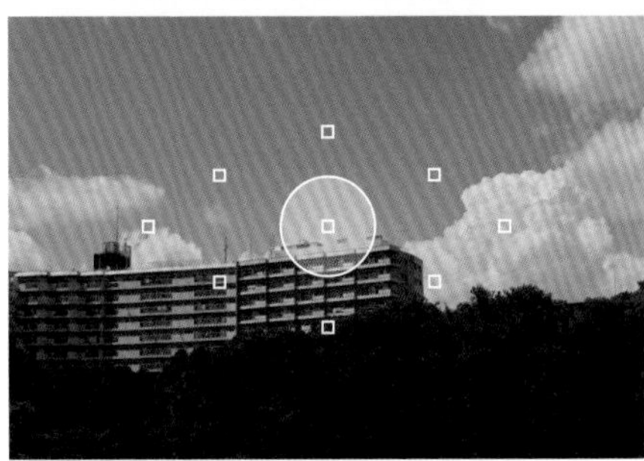

【スポット測光】

画面中央の約3.0%の範囲を対象に測光を行う。測光範囲は画面に表示される。被写体の特定部分を測光したいときに有効だ。このシーンも中央部の明るい部分に露出が合い、手前は暗く落ちている。

【中央部重点平均測光】

画面中央部に重点を置きつつ、画面全体を平均的に測光していく。測光の対象が画面中心から離れるほど薄れていくのが特徴だ。このモードも全体を見ながらバランスよく露出が判断されていく。

SECTION 10 表示Simulation

KEYWORD ▸▸▸ 表示Simulation

1 表示Simulationを知る

表示Simulationとは、実際の撮影結果（露出）に近い明るさや、被写界深度をシミュレートした映像をモニターやファインダーに表示する機能のこと。「露出+絞り」「露出」「絞り込み中のみ露出」の3パターンから選択ができるため、撮影者が知りたい撮影結果を設定するのがおすすめだ。

［ 設定方法 ］

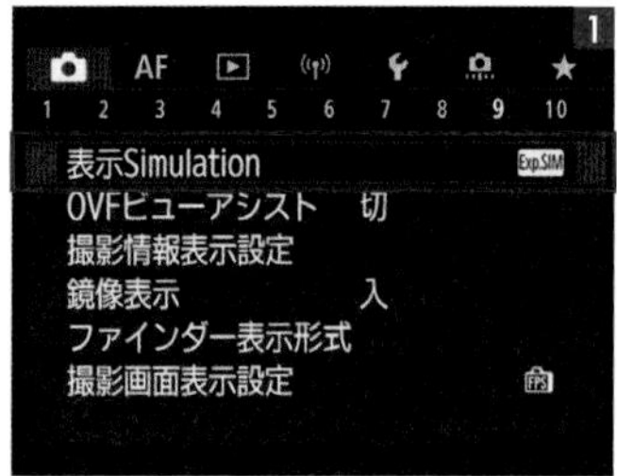

MENUボタンを押し、「9」から「表示Simulation」を選択してSETボタンを押す。

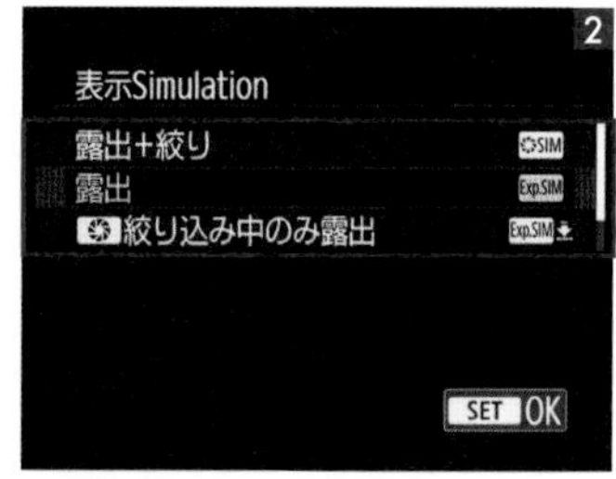

任意の表示Simulationを選択してSETボタンを押す。

露出+絞り（SIM）	実際の撮影結果（露出）に近い明るさと被写界深度で表示される。露出補正を行うと、補正量に応じて映像の明るさが変わる。また、絞り数値を変えると被写界深度も変わる。
露出（Exp.SIM）	実際の撮影結果（露出）に近い明るさで表示される。露出補正を行うと、補正量に応じて映像の明るさが変わる。
絞り込み中のみ露出（Exp.SIM）	映像が見やすいように、標準的な明るさで表示される。絞り込みボタンを押している間は、実際の撮影結果（露出）に近い明るさで表示され、被写界深度を確認することができる。

2 表示Simulationを活用して撮る

撮影時の設定をそのままモニターやファインダーに反映しながら撮影に臨めるのが表示Simulationの魅力だ。自然光をはじめ、その場の環境光を使った一般的な撮影では、この機能をうまく活用したい。表示Simulationを有効にすることで、仕上がり具合をより的確にイメージしながら撮影できるようになる。必要なときだけ利用したければ、「絞り込み中のみ露出」が便利だ。その都度、設定を変更する手間が省ける。自分のスタイルに合わせて選んでみよう。

DATA レンズ RF-S18-150mm F3.5-6.3 IS STM モード 絞り優先AE 焦点距離 35mm 絞り F4.5 シャッター 1/80秒 ISO 1250 WB 色温度(5200K) 露出補正 -0.7

夕刻、手前の人物をシルエットで写したくて、マイナス補正を行い撮影。表示Simulationは「露出」を選んだ。撮影時の露出を反映することで、暗く落ちるシルエットの割合をしっかり吟味しながら構図を決めて撮影できた。

OVFビューアシストも使ってみよう

OVFビューアシストとは、静止画撮影時のファインダーまたはモニターの表示を、光学ファインダーのように自然な見え方に変更できる機能だ。なるべく肉眼に近い見え方で撮影したい場合は、OVFビューアシストを「入」にしてみよう。なお、OVFビューアシストを有効にした場合、表示Simulationは自動的に「しない」になる。両機能は併用できないので注意したい。設定は、MENU内9「OVFビューアシスト」から行う。

SECTION 11 AEロック

KEYWORD ▸▸▸ AEロック

1 AEロックを知る

AEロックとは、露出を固定する機能のことだ。ピントと露出を別々に決めたいときや同じ露出で何度も撮影しようするときに有効である。また、露出が固定されているため構図を変えて撮影することができ、さらに逆光状態での撮影にもおすすめだ。

[設定方法]

シャッターボタンを半押しして、ピントを合わせる。

カメラボディ背面にある「AEロックボタン」を押す。

画面左下にアイコンが表示され、露出が固定される。続けてAEロック撮影をしたいときは、シャッターボタンを押す。

AEロックをやめるときはAEロックボタンを押すと解除することができる。

2 AEロックで撮影する

AEロックが効果を発揮する典型例が、明暗差が大きい場面だ。特に被写体を接写する際などは、少しの構図の変化で露出の値が変化する。AEロックを使うと、好みの明るさのポイントをボタン1つで固定し適用できる。なお、AEロックは利用する測光モードと連動している。評価測光では選択されたAFフレームを中心に、それ以外の測光モードは画面中央を中心にAEロックする。MF時はいずれのモードにしていても、画面中央を中心にAEロックする。

DATA レンズ RF-S18-45mm F4.5-6.3 IS STM モード 絞り優先AE 焦点距離 45mm 絞り F6.3 シャッター 1/200秒 ISO 100 WB オート(雰囲気優先)

同じ場所でポーズだけを変えて撮るようなポートレート撮影では、AEロックを活用することで、安定的に同じ露出のまま撮影が継続できる。露出を揃えた状態で、好みの1枚をセレクトできる。

DATA レンズ RF-S18-150mm F3.5-6.3 IS STM モード 絞り優先AE 焦点距離 70mm 絞り F6.3 シャッター 1/200秒 ISO 100 WB オート(雰囲気優先) 露出補正 +1.3

背後が強い逆光で露出差が大きなシーン。普通に撮ると露出がころころ変わりやすいシチュエーションだ。評価測光でAFフレームをヤギに合わせてAEロックし、構図を整えながら撮影した。

SECTION 12 バルブ撮影

KEYWORD ▸▸▸ バルブ撮影

1 バルブ撮影を知る

シャッターボタンを押している間、シャッターが開いたままになり、撮影を続けるのがバルブ撮影だ。EOS R7のシャッター速度は30秒まで設定ができるが、被写体や表現によっては、さらなる長時間露光ができるバルブ撮影を行う。夜景や花火、天体撮影におすすめだ。

［ 設定方法 ］

モードダイヤルを回して、「B」にする。

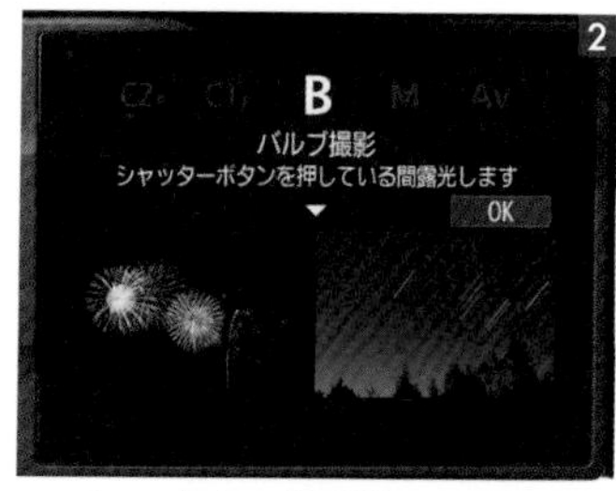

モニターに「バルブ撮影」が表示されたらSETボタンを押す。

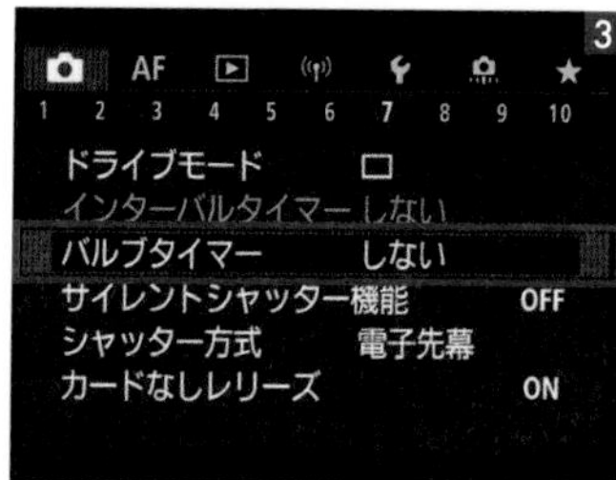

露光時間をあらかじめ設定する場合は「📷7」の「バルブタイマー」を選択してSETボタンを押す。

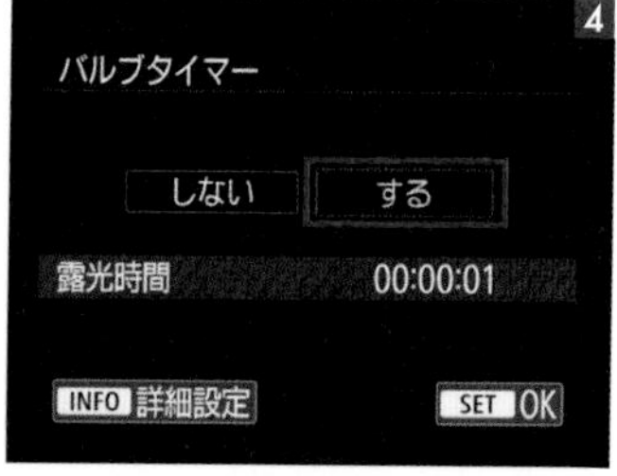

「する」を選択するとタイマーが設定され、INFOボタンから露光時間を設定することができる。

2 バルブ撮影で撮影する

バルブ撮影は開始した撮影を自分のタイミングで終えられるのが大きなポイントだ。打ち上がるタイミングや数が予測しにくい打ち上げ花火などをバルブ撮影する利点は、まさしくここにある。車のライトで光跡を作ったり、雲をダイナミックに流したりする描写は、バルブ撮影ならではの表現だ。

DATA レンズ RF-S18-45mm F4.5-6.3 IS STM モード バルブ撮影 焦点距離 22mm 絞り F22 シャッター 180秒 ISO 100 WB 白色蛍光灯

バルブを利用し180秒の長秒撮影を行った。空の雲がぶれてドラマチックな動感を演出できた。三脚でカメラを固定し、撮影はリモートスイッチを使用。バルブ撮影ではリモートスイッチは必須のアイテムだ。シャッターを押す際のカメラブレを防ぐことができる。

DATA レンズ RF-S18-45mm F4.5-6.3 IS STM モード バルブ撮影 焦点距離 18mm 絞り F22 シャッター 75秒 ISO 100 WB 白熱電球

車のライトで光跡を演出したくて、バルブタイマーで75秒の長秒撮影を行った。バルブタイマーはバルブ撮影時の露光時間をあらかじめ設定できる機能だ。リモートスイッチがないときに便利。カメラブレもしっかり低減できる。MENU内 📷7「バルブタイマー」から設定できる。

Column

自動水平補正で撮る

街中で建物を撮る際や、構図を整えて静物を撮るときなどに便利なのが、自動水平補正だ。特に水平ラインがはっきり写る場面では、少し傾くだけで全体のバランスを悪くする。自動水平補正を有効にすれば、カメラが自動で水平を出してくれるのだ。なお、この機能はシャッター方式の電子先幕やドライブモードの高速連続撮影＋および高速連続撮影との併用はできないので注意しよう。

［ 設定方法 ］

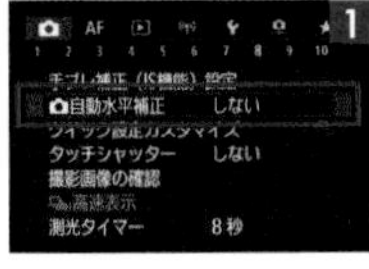

MENUボタンを押し、「8」から「自動水平補正」を選択してSETボタンを押す。

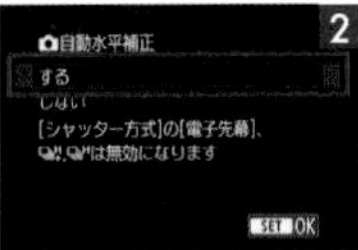

「する」を選択し、SETボタンを押すと設定される。

【OFF】
東京新宿駅前の風景。こうした斜めのラインの入った風景は水平が出しにくいものだ。やや画面が傾いている。

【ON】

DATA　レンズ RF-S18-45mm F4.5-6.3 IS STM　モード 絞り優先AE　焦点距離 23mm
絞り F8　シャッター 1/100秒　ISO 400　WB 太陽光　露出補正 +0.7

自動水平補正を有効にしたことで、きちんと水平が出て安定感のある構図になった。なお、本機能は縦構図にも対応する。水平ラインが写っていないと効果が出ないこともあるので、場面を選んでうまく活用しよう。

第4章

特殊撮影

SECTION 01 インターバルタイマー撮影

KEYWORD ▸▸▸ インターバルタイマー撮影

1 インターバルタイマー撮影を設定する

インターバルタイマー撮影とは、撮影間隔、撮影回数を任意に設定して、一定間隔で1枚撮影を繰り返すことができる機能のことだ。定点で撮影することによって、星空の軌跡を写したい場合におすすめだ。また、多重露出を組み合わせることで、長時間露光（光を多く取り込む撮影）を行ったような作品を作ることもできる。

［ 設定方法 ］

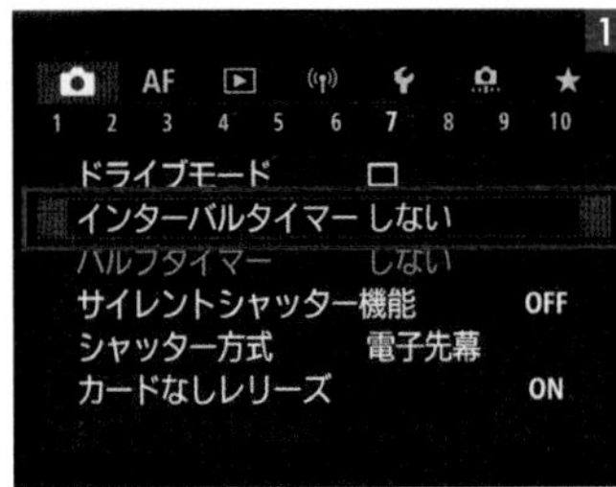

MENUボタンを押し、「7」から「インターバルタイマー」を選択してSETボタンを押す。

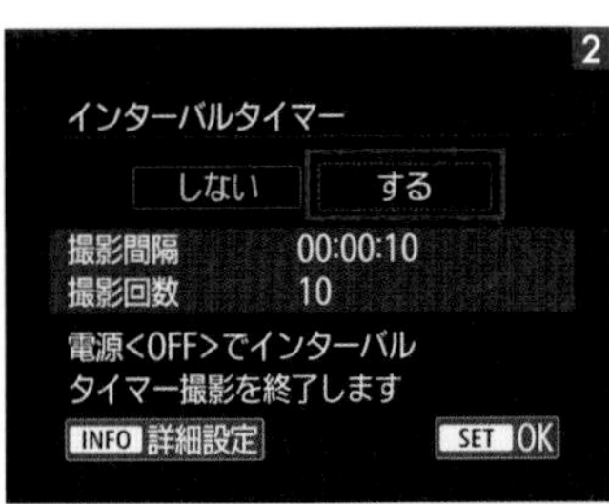

「する」を選択し、SETボタンを押すと設定される。

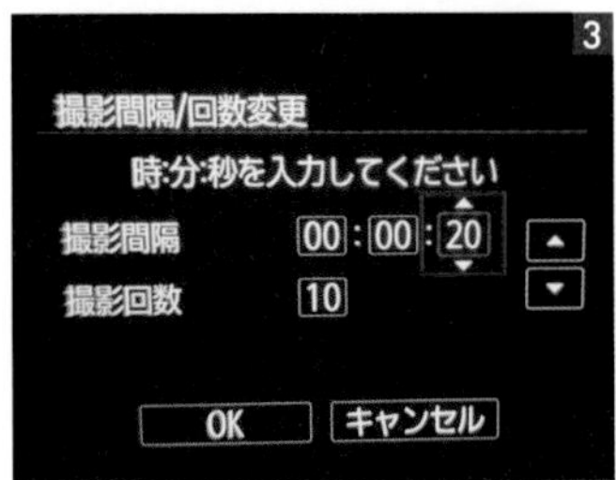

INFOボタンを押すと、詳細設定の画面に切り替わる。任意の「撮影間隔」を時:分:秒から十字キーで選択する。

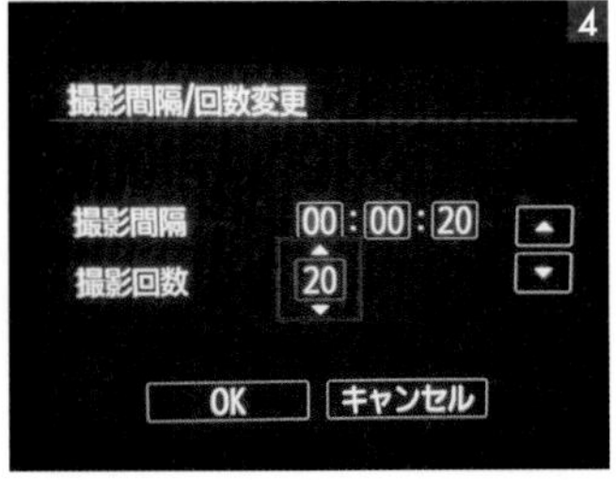

「撮影間隔」の設定が終わったら、任意の「撮影回数」を十字キーで選択して、「OK」を選択すると設定される。

2 インターバルタイマー撮影の応用

インターバルタイマー撮影は、一定間隔で連続撮影できる機能だが、そこで記録された写真を撮影後に合成することで、1枚撮影では表現することの難しい描写に挑戦できる。例えば、星景写真ではまるで長秒撮影したかのような星の軌跡を合成で簡単に作り上げることができるし、月の移動した軌跡も1枚の写真の中で表現できる。

インターバル撮影した写真は、Digital Photo Professional 4の多重合成ツールで合成できる。ここでは、車のライトの光跡を重ね合わせて力強い描写に。合成方法を「比較（明）」に設定し、画面の中で明るい部分のみを複数枚合成し、1枚の写真に仕上げた。

5秒間隔で6枚撮影し合成した。前述のようにDigital Photo Professional 4を使い、「比較（明）」で合成している。1枚撮影では車が多く通るタイミングを狙う必要があるが、合成することで、数多くの光跡を入れ込んだ描写がより気軽に行えるようになる。

SECTION 02 タイムラプス動画

KEYWORD ▸▸▸ タイムラプス動画

1 タイムラプス動画を設定する

タイムラプス動画とは、一定間隔で撮影した静止画を自動でつなぎ合わせて動画にする機能だ。EOS R7では、画質は4K動画またはフルHD動画にすることができる。この機能を使うと、撮影開始から終了までの被写体の変化を、コマ送りのようにして短時間にまとめることができる。景色の変化、植物の成長、星の動きなどの定点観測など情景が刻々と変化するようなシーンにおすすめだ。

［ 設定方法 ］

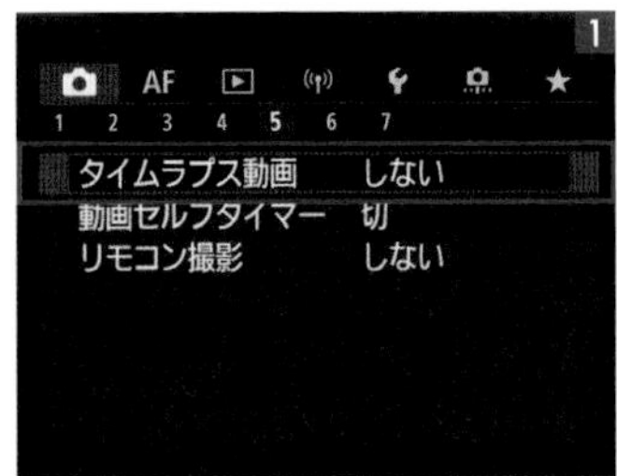

MENUボタンを押し、「5」から「タイムラプス動画」を選択してSETボタンを押す。

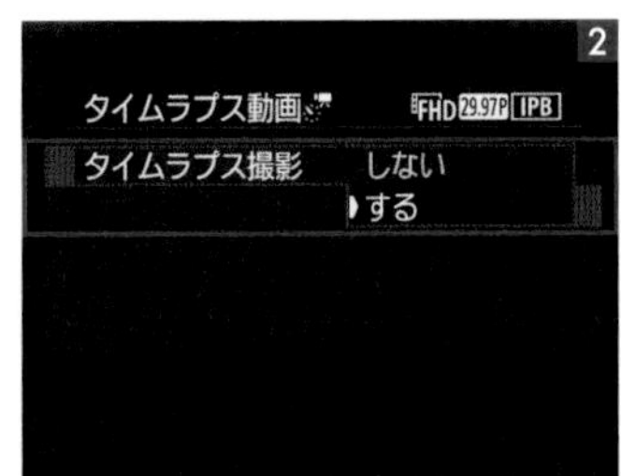

「する」を選択してSETボタンを押す。

「撮影間隔」を選択し、時:分:秒のそれぞれを十字キーで選択する。

「撮影回数」を選択し、0002～3600の範囲で十字キーで選択する。

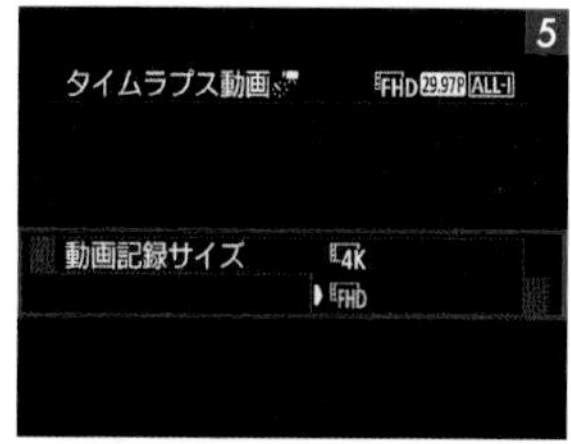

「動画記録サイズ」を選択し、「4K」か「FHD」を選択する。

「自動露出」を選択し、「1枚目固定」か「毎フレーム更新」を選択する。

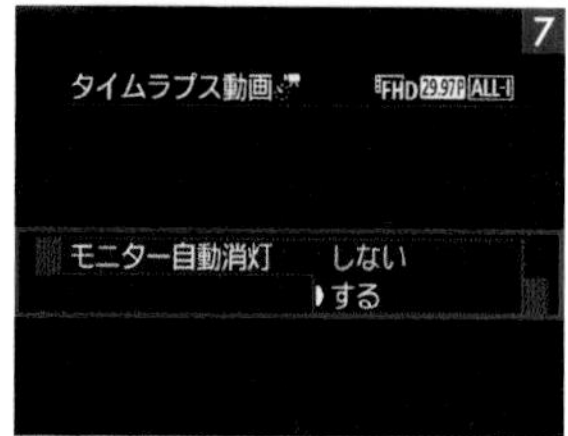

「モニター自動消灯」を選択し、「する」か「しない」を選択する。

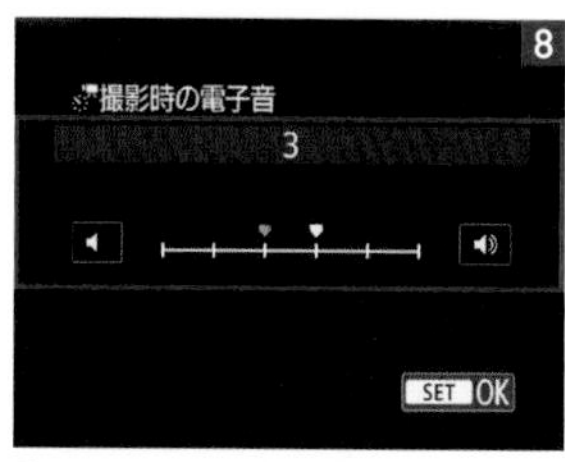

「撮影時の電子音」を選択し、十字キーで選択する。「0」に設定すると、撮影時に電子音が消音になる。

2 タイムラプス動画を撮影する

タイムラプス動画はインターバルタイマー撮影から発展した機能の1つといえるだろう。タイムラプス動画を効果的に仕上げるポイントは、なるべく変化が大きなシーンを撮影することだ。また、しっかりカメラを固定し定点観測することも大事であり、画面が動かないことで情景の変化がよりわかりやすくなる。

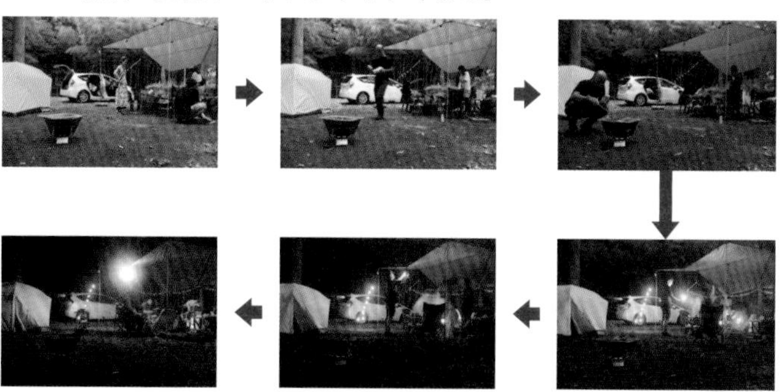

キャンプのワンシーンを定点観測的にタイムラプス動画にした。1分おきに100枚撮影している。人の動きだけでなく、夕方から夜にかけて変化する時間の流れも取り込むことができた。テントを組み立てる様子などもタイムラプス動画にしてみると面白いだろう。

SECTION 03

AEB撮影

KEYWORD ▸▸▸ AEB撮影

1 AEB撮影を知る

AEB（Auto Exposure Bracketing）撮影とは、露出補正量を1/3ステップ±3段の範囲（AEBレベル）で、自動的にシャッタースピード、絞り数値、ISO感度を変えながら3枚の画像を撮影する機能のこと。撮影後に写真のセレクトができるので、露出決定の難しい逆光時のポートレート撮影などに有効だ。

［ 設定方法 ］

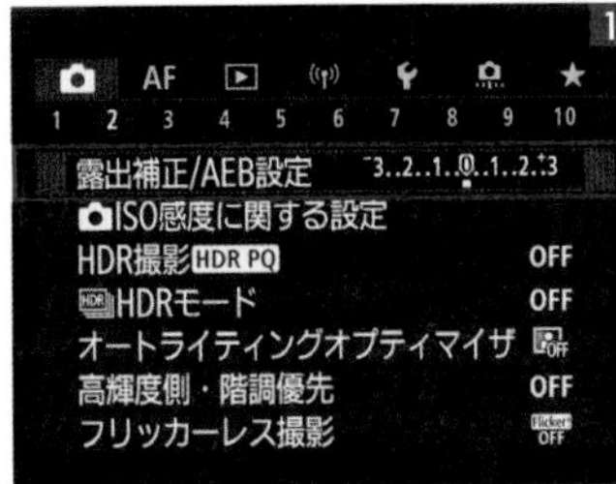

MENUボタンを押し、「2」から「露出補正/AEB設定」を選択してSETボタンを押す。

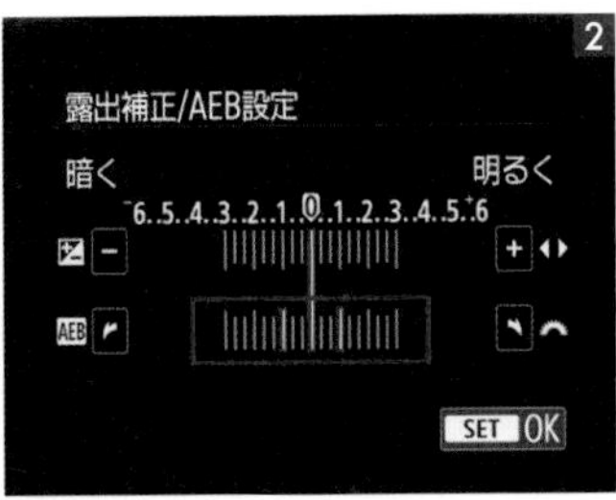

メイン電子ダイヤルを回して、AEBレベルを設定する。

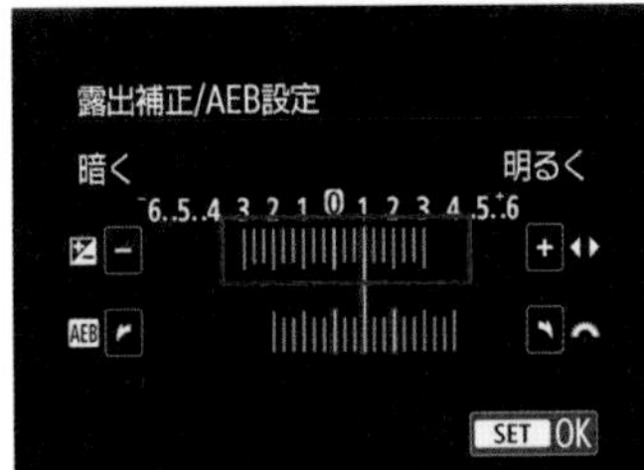

サブ電子ダイヤルを回して露出補正量を設定して、SETボタンを押して設定を終了する。シャッターを切るごとに標準露出、マイナス補正、プラス補正の順で撮影される。AEB撮影は自動解除されないので、終了するには電源を切るか、AEBレベルの設定をなしにする。

2 AEB撮影を活用する

AEB撮影は露出判断に迷うシーンで効果を発揮する機能だ。特に短い時間で要領よく写真を撮りたいときに、自動で露出を変えて撮れるので重宝する。AEB撮影は連写機能と組み合わせると、より撮影がスムーズになるのも特徴だ。ドライブモードが連続撮影のときは、シャッターボタンを全押ししたままにすると、3枚連続で撮影して自動停止する。露出補正と組み合わせられる特長もうまく生かしたい。AEB撮影で、露出変化にバリエーションを持たせることができる。

【1枚目】

±0を基準に±2レベルでAEB撮影した。1枚目は標準露出で撮影される。逆光下のため、やや表情が暗く写っている。

【2枚目】

2枚目は標準露出から−2補正された写真が撮影される。露出補正でマイナス2補正することと同じ作業が自動で行われている。

【3枚目】

3枚目は標準露出から+2補正された写真が撮影される。露出補正でプラス2補正することと同じ作業が自動で行われている。

SECTION 04 フォーカスBKT撮影

KEYWORD ▸▸▸ フォーカスBKT撮影 ▶ DPP

1 フォーカスBKT撮影を知る

フォーカスBKT撮影とは、1回の撮影で自動的にピント位置を変えながら連続撮影を行う機能のこと。撮影した画像から広い範囲でピントの合った画像を生成し、深度合成機能のあるEOS用ソフトウェアのDPP（Digital Photo Professional）（→P.172）などを使用してパンフォーカス画像を合成することもできる。ピントが合わせにくい被写体に有効な機能だ。

[設定方法]

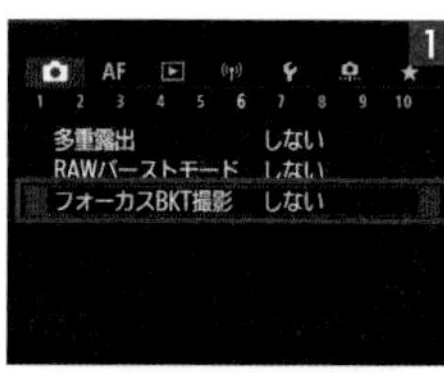

MENUボタンを押し、「📷6」から「フォーカスBKT撮影」を選択してSETボタンを押す。

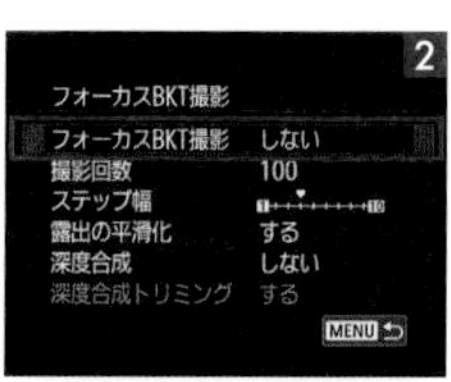

「フォーカスBKT撮影」を選択してSETボタンを押す。

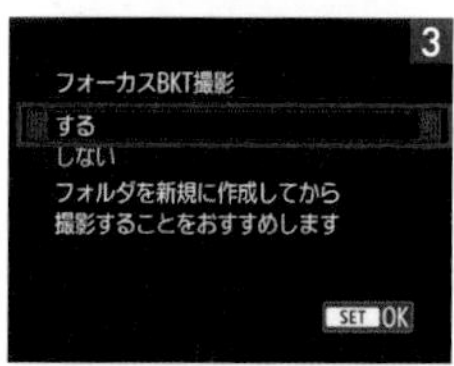

「する」を選択してSETボタンを押す。

「撮影回数」を選択し、「撮影回数」を2～999回の範囲で選択する。

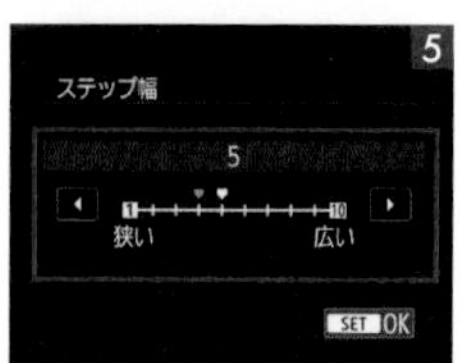

「ステップ幅」を選択し、十字キーでピントの移動幅を設定する。

「露出の平滑化」を選択し、「する」か「しない」を選択する。「する」を選択すると明るさの変化が補正される。

2 フォーカスBKT撮影をする

フォーカスBKTは、近距離側にピントを合わせてシャッターを切ると、無限遠側にピントを移動しながら連続撮影してくれる。設定した枚数に達するか、ピント位置が無限遠に達すると撮影が終了する。そのため撮影したカットから、自分好みの1枚を選択することができる。なお、フォーカスBKTは三脚の使用を前提とし、静止した被写体に対応する機能となる。動く被写体には不向きなので注意したい。

フォーカスBKTで撮影枚数が多くなる場合は、フォルダを新規作成し、そこに画像を保存しよう。撮影後の作業が楽になる。画面上の「」をタッチし、「OK」を選んで作成する。

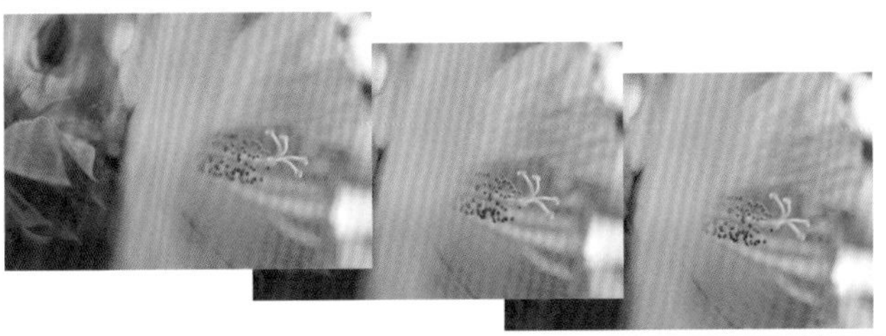

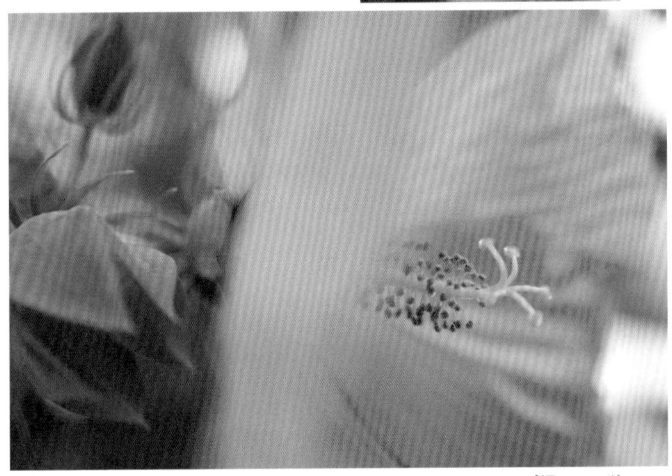

奥行きのある位置からハイビスカスを接写した。撮影回数10回、ステップ幅はやや狭めて3にした。長く伸びた蕊の中心付近にピントの合った1枚を選択。フォーカスBKTでとらえたからこそ、きちんとピント位置を見定めることができた。

SECTION 05 カメラ内深度合成

KEYWORD ▸▸▸ カメラ内深度合成

1 カメラ内深度合成を知る

深度合成とは、フォーカスBKT撮影（→P.98）をした複数の画像を合成し、全体にピントが合っているように見える画像（パンフォーカス画像）を生成する機能のこと。従来では、BKT撮影した画像をDPPで生成していたが、EOS R7ではカメラ内で深度合成ができるようになった。BKT撮影と深度合成を組み合わせることで、被写界深度が深い画像が作れるため、ピントが合いにくい被写体のときにおすすめだ。

［ 設定方法 ］

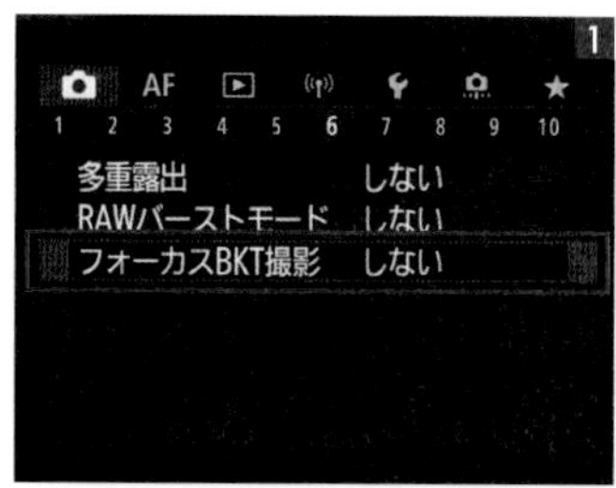

MENUボタンを押し、「6」から「フォーカスBKT撮影」を選択してSETボタンを押す。

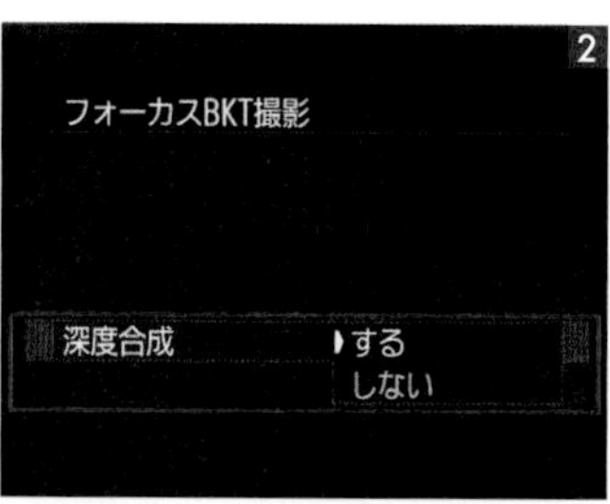

「深度合成」から「する」を選択してSETボタンを押す。

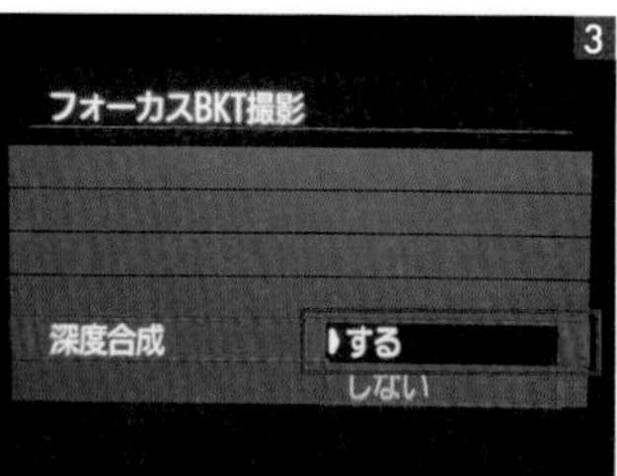

「深度合成トリミング」の「する」を選択すると、画角が不足していた部分を自動でトリミングする。

撮影した画像を新規フォルダに保存するときは、モニターの をタッチし、「OK」を選択する。

カメラ内深度合成

2 カメラ内深度合成で調整する

カメラ内深度合成は、気軽に被写界深度の深い写真を作り出せるのが大きな魅力だ。特に、花や昆虫、小さなアクセサリーなどを接写する際は、どうしてもピントが浅くなりがちだ。絞り込んで撮るのにも限界がある。しかし、深度合成機能を使うと、簡単に全面にピントを合わせたシャープな描写が可能になる。なお、深度合成はフォーカスBKTで得た画像で作業を行う。そのため、動く被写体ではうまく深度合成できないことがあるので注意したい。また、深度合成では撮影した画像の中から最適な画像を選択して合成を行うため、撮影した画像がすべて合成されるわけではないことも覚えておこう。

DATA
レンズ RF24mm F1.8 MACRO IS STM
モード 絞り優先AE
焦点距離 24mm
絞り F22
シャッター 2.5秒
ISO 100
WB オート(雰囲気優先)
露出補正 +0.3

通常の1枚撮影による作例だが、F22まで絞り込んだ。ピントは広く合っているが、敷物の模様はわずかにぼけている。

DATA
レンズ RF24mm F1.8 MACRO IS STM
モード 絞り優先AE
焦点距離 24mm
絞り F8
シャッター 0.4秒
ISO 100
WB オート(雰囲気優先)
露出補正 +0.3

深度合成した作例。ステップ幅は5で、絞りはF8に設定。フォーカス違いで30枚を撮影し合成した。敷物を含め、よりシャープにピントが全面に合っている。なお、今回はテーブルフォトで試したが、深度合成自体はより正確に画像を残せるという意味で、研究用の素材の撮影などでも重宝する機能だ。

SECTION 06

ホワイトバランス

KEYWORD ▸▸▸ ホワイトバランス

1 ホワイトバランスを知る

ホワイトバランスとは、被写体を照らす光源による色の偏りを補正する機能のこと。基本的な機能は白を白く写すことで、異なる光源の場合でも色のばらつきを整えることができる。EOS R7にはカメラが自動で行うオートのほか、天候や場所、光の種類によって適切な色合いにするホワイトバランスが搭載されている。

【WB:オート(雰囲気優先)】

【WB:日陰】

次頁で解説しているように、ホワイトバランスのプリセットデータは、利用する光源によって青みの強い、または黄色みの強い仕上がりになるのが特徴だ。この作例は海辺の夕景だが、オートでは見た目に近い仕上がりだが、日陰に設定すると黄色みが強まり、全く印象の異なる描写になった。

[設定方法]

撮影待機画面でSETボタンを押し、クイックメニューから「ホワイトバランス」を選択する。

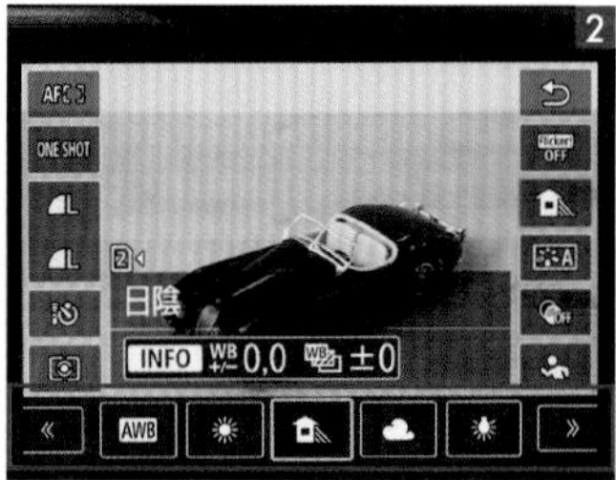

任意のホワイトバランスを選択してSETボタンを押すと設定される。

2 ホワイトバランスの種類

EOS R7では10種類のホワイトバランスが設定できる。オートは「雰囲気優先」と「ホワイト優先」の2つから設定できる。また、天候に合わせる「太陽光」「日陰」「くもり」や、光源の種類による「白熱電球」「白色蛍光灯」「ストロボ使用」、撮影場所の光源に合わせてホワイトバランスを設定する「マニュアル(MWB)(→P.104)」、光色をK(ケルビン)とする「色温度」で設定する方法がある。

【オート(雰囲気優先)】

白熱電球下などで撮影したときに、その場の雰囲気を重視してやや赤みがかった写真に補正される。

【オート(ホワイト優先)】

ホワイト優先を選択すると、赤みの少ない写真に補正される。

【太陽光】

晴天の屋外で適切な色味で写すことができる。

【日陰】

日陰での撮影に使用する。
赤みが増して、日陰の青みを防ぐことができる。

【くもり】

曇りの屋外で使用する。
日陰よりも少し赤みが増す効果がある。

【白熱電球】

室内での白熱電球下での撮影に使う。
白熱電球の赤みを防ぐことができる。

【白色蛍光灯】

室内での白色蛍光灯下での撮影に使う。
蛍光灯の緑っぽさを防ぐことができる。

【ストロボ】

ストロボ撮影時に使用する。

3 マニュアルホワイトバランスを知る

マニュアルホワイトバランス（MWB）とは、撮影場所の光源に合わせてホワイトバランスを設定する機能のこと。撮影時にできるかぎり忠実に色味を合わせたいときや、同じ被写体で撮影する部分によって色味が変わるのを統一させたいときに有効だ。撮影場所の光源に合わせるため、必ず撮影する場所の光源下で設定を行うようにしよう。

［ 設定方法 ］

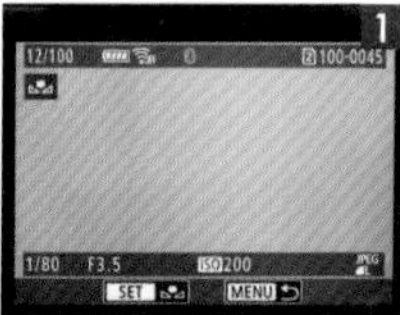

撮影する場所の光源下で画面全体に白い無地の被写体がくるように撮影して、保存しておく。

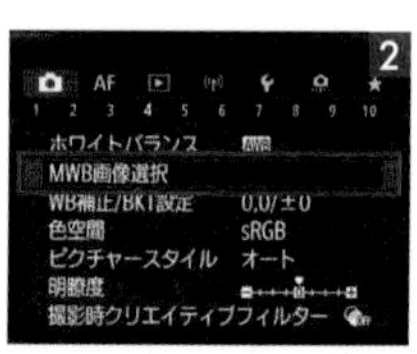

MENUボタンを押し、「4」から「MWB画像選択」を選択してSETボタンを押す。

MWBに設定する画像を選択し、「OK」を選択するとデータが取り込まれる。

クイックメニューの「ホワイトバランス」から「マニュアル」を選択する。

4 ホワイトバランスを調整する

EOS R7では、設定しているホワイトバランスを補正することができる。この機能を使うと、市販の色温度変換フィルターや、色補正用フィルターと同じような効果を得ることが可能だ。

［ 設定方法 ］

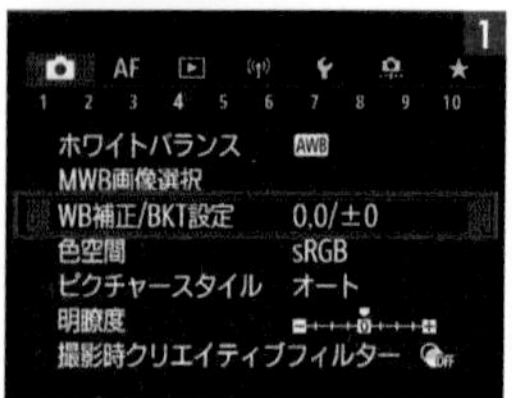

MENUボタンを押し、「4」から「WB補正/BKT設定」を選択してSETボタンを押す。

マルチコントローラーで希望する位置へ移動してSETボタンを押す。

5 ホワイトバランスBKTを活用する

ホワイトバランスBKTを利用すると、1回の撮影で色合いの異なる3枚の画像が記録できる。色味の判断で迷うときに活用してみよう。なお、この機能は通常のWB補正やAEB撮影と併用できる。AEB撮影と組み合わせると、合計9枚の画像が記録される。

[設定方法]

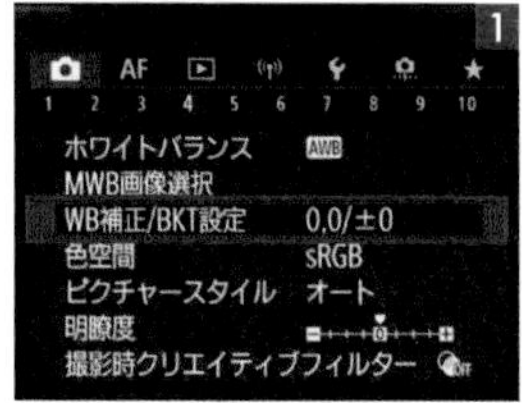

MENUボタンを押し、「4」から「WB補正/BKT設定」を選択してSETボタンを押す。

サブ電子ダイヤルを回すと、画面上の□が3点に変わる。補正幅をダイヤルで決め、十字キーで希望する位置に移動する。

【グリーン】

【マゼンタ】

【ノーマル】

DATA

レンズ	RF-S18-150mm F3.5-6.3 IS STM
モード	絞り優先AE
焦点距離	35mm
絞り	F5.6
シャッター	1/60秒
ISO	200
WB	オート(雰囲気優先)
露出補正	+0.7

ホワイトバランスBKTで撮影。補正なしを基準に、M/G方向に±3段でブラケティングした。補正なし、グリーン強め、マゼンタ強めの3枚が記録され、それぞれに印象の異なる仕上がりになった。

SECTION 07 ピクチャースタイル

KEYWORD ▸▸▸ ピクチャースタイル

1 ピクチャースタイルを知る

ピクチャースタイルは、写真表現や被写体に合わせて、用意されたスタイルを選ぶだけで効果的な画像特性が得られる機能だ。被写体やシーンに応じて思い通りの色合いで写真を撮ることができる。

アイコン	名称	内容
A	オート	撮影シーンに応じて、色合いが自動調整される。自然や屋外シーン、夕景シーンでは、青空、緑、夕景が色鮮やかな写真になる。
S	スタンダード	鮮やかで、くっきりした写真になる。この設定でほとんどのシーンに対応することができる。
P	ポートレート	肌色がきれいで、ややくっきりした写真になり、人物をアップで写すときに効果的。設定内容と効果の「色あい」を変えると、肌色を調整することができる。
L	風景	青空や緑の色が鮮やかで、とてもくっきりした写真になる。印象的な風景を写すときに効果的。
FD	ディテール重視	被写体の細部の輪郭や繊細な質感の描写に適している設定。やや鮮やかな写真になる。
N	ニュートラル	パソコンでの画像処理に適した設定。自然な色合いで、メリハリの少ない控えめな写真になる。
F	忠実設定	パソコンでの画像処理に適した設定。5200K（色温度）程度の太陽光下で撮影した写真が、測色的に被写体の色とほぼ同じになるように色調整される。
M	モノクロ	白黒写真になる。フィルター効果と調色で調整することも可能。
1	ユーザー設定1～3	基本となるピクチャースタイルを登録し、好みに合わせて調整することができる。登録されていないときは、オートの初期設定と同じ特性で撮影される。

[設定方法]

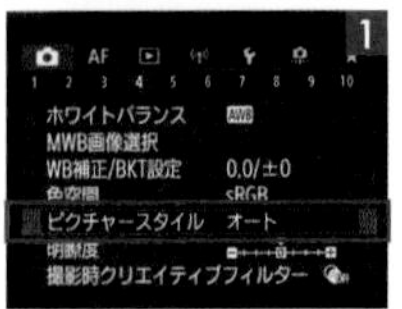

MENUボタンを押し、「📷4」から「ピクチャースタイル」を選択してSETボタンを押す。

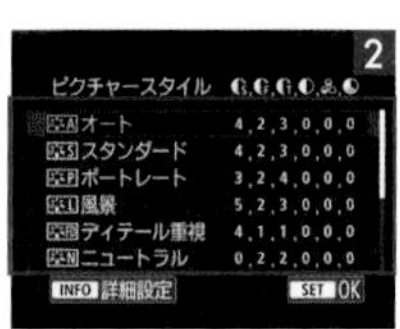

任意のピクチャースタイルを選択してSETボタンを押すと設定される。

2 ピクチャースタイルで撮る

ピクチャースタイルは被写体に合わせ最適な画像特性を得られるのが魅力だが、項目の名称にとらわれることはない。大事なことは、個々の特性を理解し適用していくことだ。ポートレートだからといって、ピクチャースタイルを必ず「ポートレート」に合わせる必要はない。どれを設定すべきか迷う場合は、まずは「オート」を選ぼう。「オート」で好みの色合いにならないときは、ほかのプリセットを試してみよう。

【ポートレート】
肌色をきれいに再現したいときは、やはりポートレートを適用してみよう。特に女性や子供を撮るときに効果的だ。コントラストがやや高めに仕上がるため、印象の強い描写になるのも特徴的だ。

【風景】
全体的に色鮮やかにメリハリのある描写になる。自然風景だけでなく、色みのある被写体全般で効果的だ。仕上がりにインパクトを持たせたいときにうまく活用してみよう。

【ディテール重視】
テクスチャーがはっきりしている被写体向き。建築物などを撮る際にも効果がある。シャープネスを効かせながら、解像感のある仕上がりになるのが特徴だ。

【モノクロ】
モノクロ写真もピクチャースタイルから設定できる。モノクロは色の情報がなくなることで、被写体そのものを強く印象付けられるのが大きな魅力だ。主題のはっきりした場面で効果がある。

3 ピクチャースタイルを調整する

プリセットされている8つのピクチャースタイルは自分好みに合わせて設定を変更することができる。調整できる項目は「シャープネス」の強さ、細かさ、しきい値、「コントラスト」「色の濃さ」「色あい」だ。テスト撮影をしながら調整していくとよいだろう。

［ 設定方法 ］

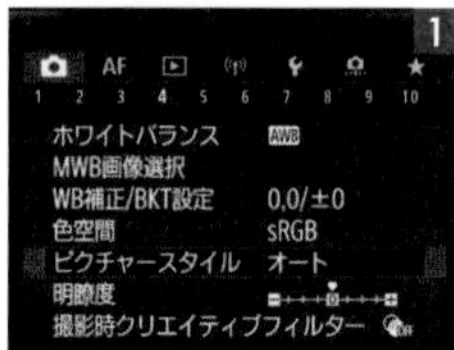

MENUボタンを押し、「4」から「ピクチャースタイル」を選択してSETボタンを押す。

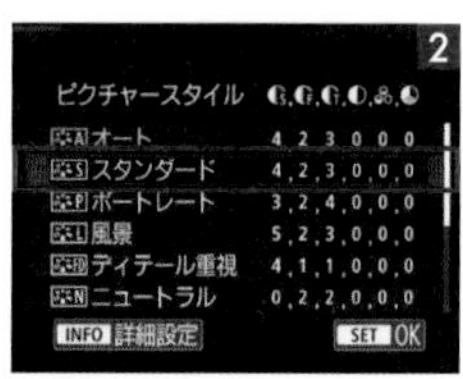

調整したいピクチャースタイルを選択してINFOボタンを押す。

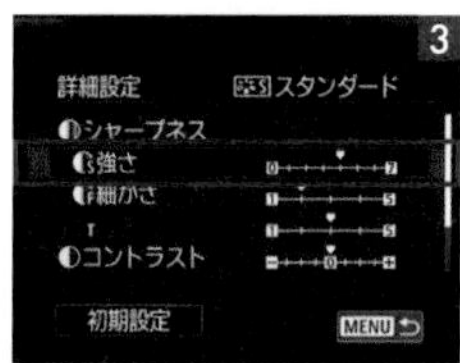

詳細設定の画面が表示されるので、調整したい項目を選択してSETボタンを押す。

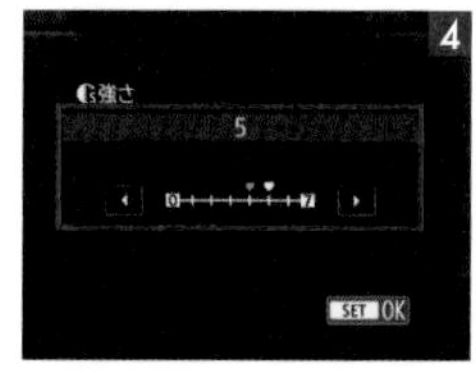

効果の度合いを十字キーで移動して、SETボタンを押すと設定される。

4 モノクロを調整する

モノクロの詳細設定画面では、他のピクチャースタイルと違い、フィルター効果と調色を変更することができる。「シャープネス」と「コントラスト」もあわせて調整することが可能だ。

［ 設定方法 ］

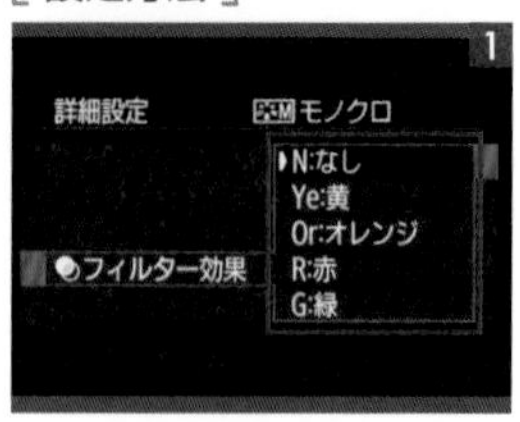

フィルター効果では同系色は明るく、補色は暗くする効果がある。

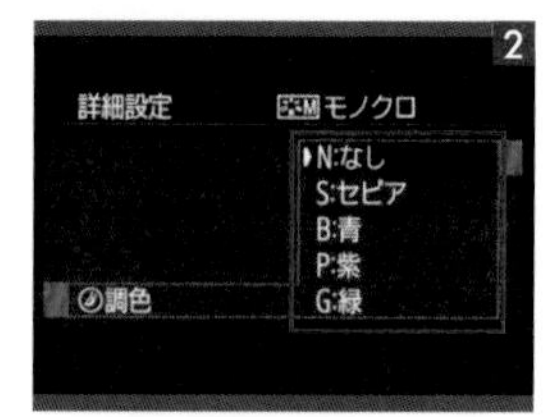

調色では一部色が付いているモノクロの画像にすることができる。

5 ピクチャースタイルを登録する

ユーザー設定では、「ポートレート」や「風景」などの基本となるピクチャースタイルを登録し、自分好みに合わせて調整して最大3つまで登録することができる。登録されていないときは、「オート」の初期設定と同じ特性で撮影される。

[設定方法]

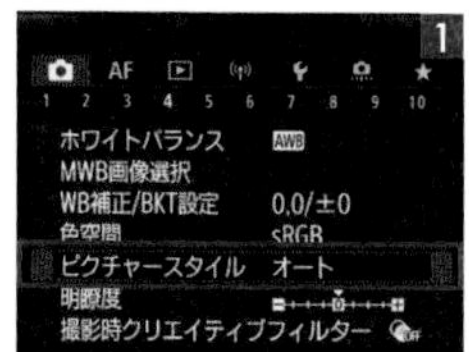

MENUボタンを押し、「4」から「ピクチャースタイル」を選択してSETボタンを押す。

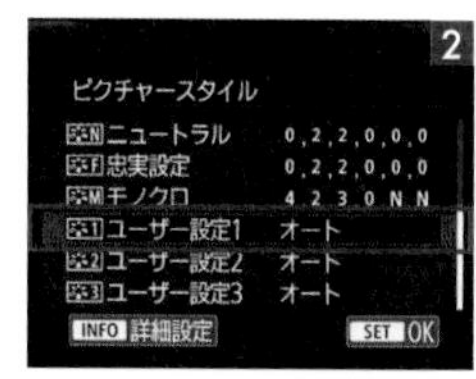

「ユーザー設定」を選択してINFOボタンを押す。

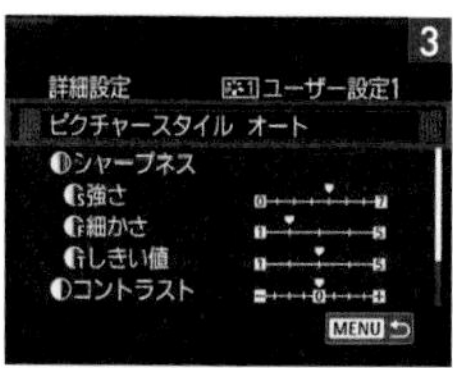

「ピクチャースタイル」を選択してSETボタンを押す。

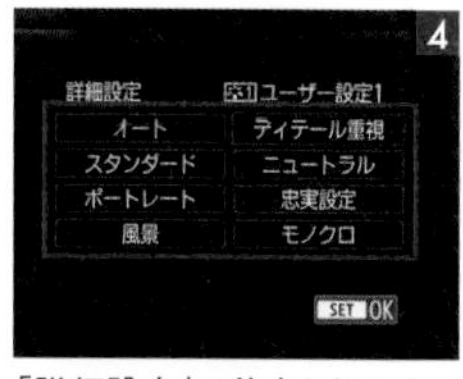

「詳細設定」で基本となるピクチャースタイルを選択してSETボタンを押す。

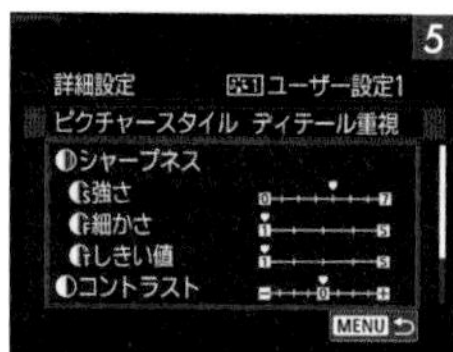

調整したい項目を選択して、SETボタンを押してで効果の度合いを調整する。

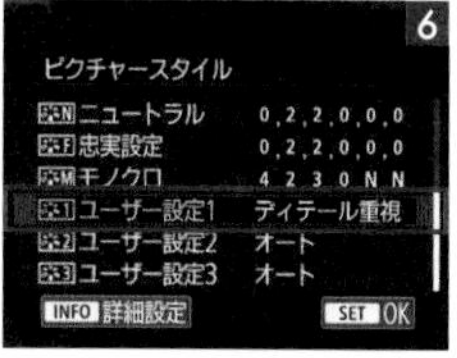

MENUボタンを押すと調整したピクチャースタイルがユーザー設定の右に表示される。

オリジナルピクチャースタイルを追加してみよう

登録されていないオリジナルピクチャースタイルファイルをキヤノンホームページからダウンロードし、ユーザー設定に登録できる。カメラ本体にはEOS Utilityから、Digital Photo Professional4にダウンロードし適用することもできる。

https://cweb.canon.jp/eos/picturestyle/file/file-intro.html

SECTION 08 オートライティングオプティマイザ／HDRモード

KEYWORD ▸▸▸ オートライティングオプティマイザ ▶ HDRモード

1 オートライティングオプティマイザを知る

オートライティングオプティマイザは、撮影結果が暗いときやコントラストが低い、または高いときに、明るさとコントラストを自動的に補正してくれる機能だ。「しない」「弱め」「標準」「強め」の4項目から選択できる。なお、本機能を適用した上で、露出補正やストロボ調光補正で露出を暗めに設定しても明るく撮影されてしまう場合は、設定を解除しよう。また、撮影条件によってはノイズが増え、解像感が変化することがあるので注意が必要だ。

【しない】

【標準】

オートライティングオプティマイザの効果をON、OFFで比較した。「標準」で適用したものは、樹木をはじめ全体的に暗部が明るく補正されていることがわかる。

［ 設定方法 ］

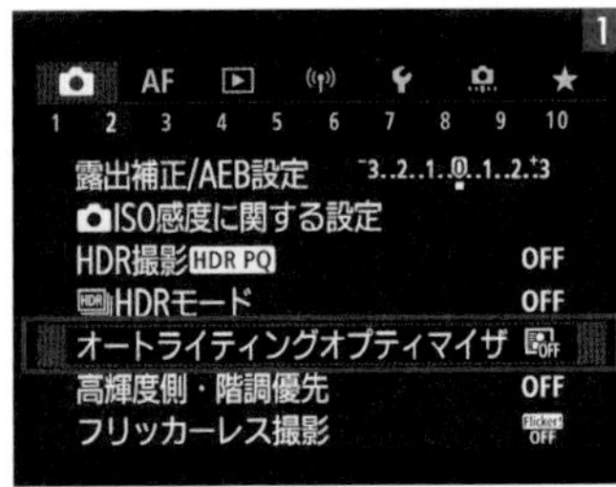

MENUボタンを押し、「2」から「オートライティングオプティマイザ」を選択してSETボタンを押す。

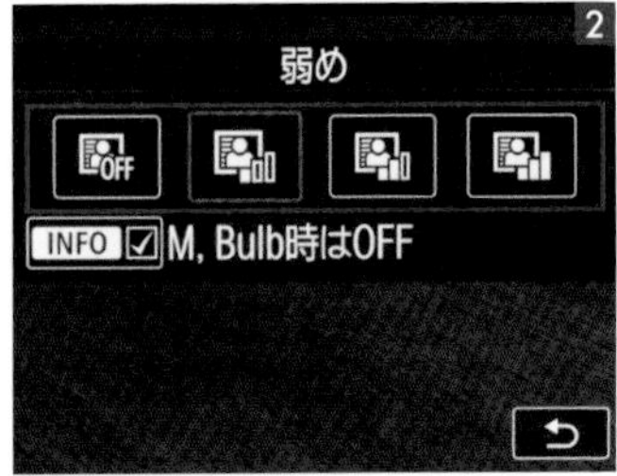

任意の強さを選択してSETボタンを押すと設定される。

ダイナミックレンジ

2 HDRモードを知る

明暗差の大きなシーンで、白飛びや黒つぶれを緩和し、階調の広い写真を撮影できるようにするのがHDRモードの特長だ。自然風景や建物など、風景全般の撮影で効果を発揮する。HDRモードでは露出を変えて撮影された3枚の画像を合成し、暗部を明るく補正した画像を生成する。合成したHDR画像はHEIF、またはJPEGで保存され、RAWでは記録されないため注意しよう。

［ 設定方法 ］

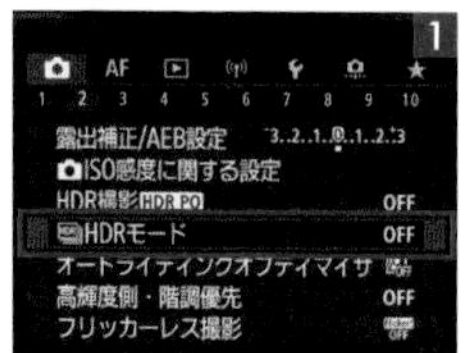

MENUボタンを押し、「2」から「HDRモード」を選択してSETボタンを押す。

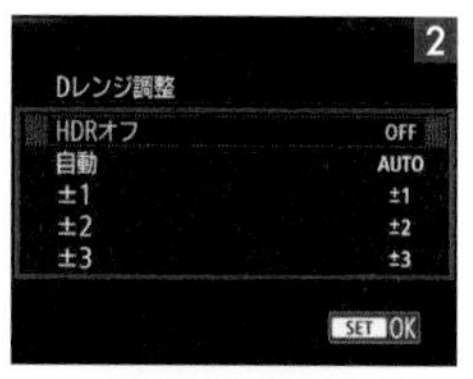

「Dレンジ調整」を選択してSETボタンを押すと、ダイナミックレンジ幅を設定できる。

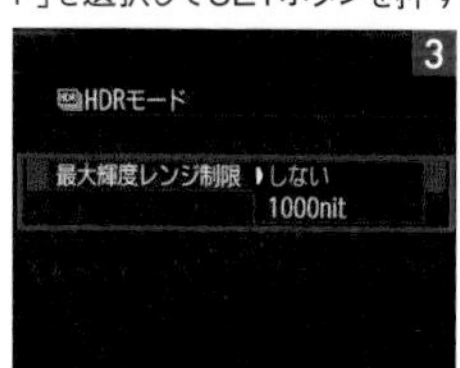

「最大輝度レンジ制限」を選択してSETボタンを押すと、最大輝度レンジを制限できる。

「HDR撮影の継続」を選択してSETボタンを押すと、HDR撮影の継続を設定できる。

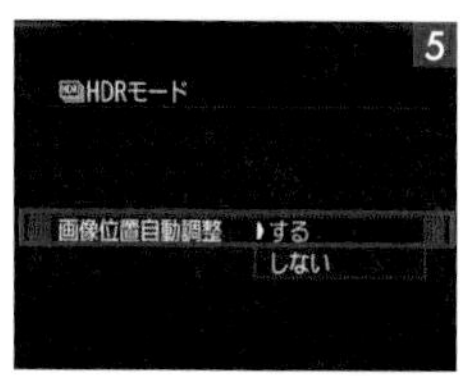

三脚を使用するときは「画像位置自動調整」で「する」を選択してSETボタンを押す。

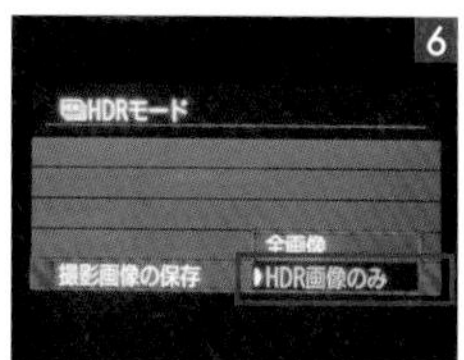

「撮影画像の保存」を選択してSETボタンを押すと、HDR画像の保存方法を設定できる。

HDRモードで撮影。Dレンジ調整は±3に設定した。手前の樹木の暗部が明るく補正され、向こうに見える空や建物は明るく飛びすぎずにディテールが描写されている。

SECTION 09

高輝度側・階調優先

KEYWORD ▸▸▸ 高輝度側・階調優先 ▶ 白飛び

1 高輝度側・階調優先を知る

高輝度側・階調優先は、ハイライト部分の白飛びを緩和することを目的にした補正機能だ。写真は一度白飛びしてしまうと、撮影後の画像処理では修正できない。撮影時に白飛びしないように、うまく本機能を活用してみよう。なお、高輝度側・階調優先使用中はISO感度の設定範囲がISO200～になるため、拡張感度は利用できない。

[設定方法]

MENUボタンを押し、「2」から「高輝度側・階調優先」を選択してSETボタンを押す。

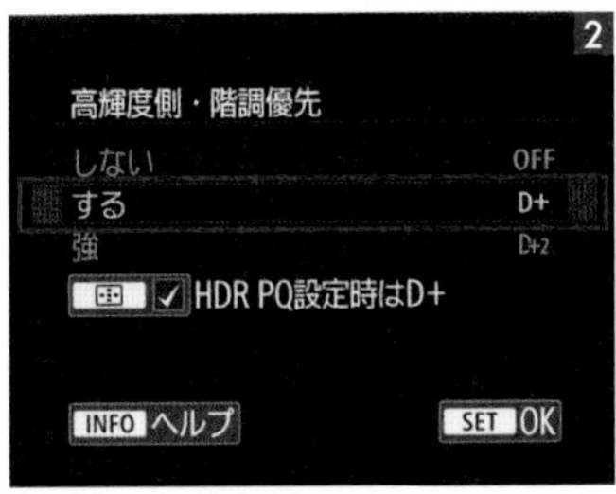

「する」もしくは「強」を選択してSETボタンを押すと設定される。

【OFF】

【ON】

日なたと日陰が混在するシーン。明暗差が大きく、露出を日陰に合わせて撮ったところ、白壁が白飛びしてしまった。高輝度側・階調優先を「強」に設定すると、これが防げた。

SECTION 10

明瞭度

KEYWORD ▸▸▸ 明瞭度

1 明瞭度を調整する

明瞭度を調整すると、被写体の輪郭部のコントラストを変更できるようになる。マイナスにするとコントラストが低くなることで、ソフトな印象の画像になり、プラスにするとコントラストが高くなり、シャープな印象に調整できる。明暗差の大きなシーンでは、境界部の周辺が暗く、または明るくなったりすることがあるので注意しよう。

[設定方法]

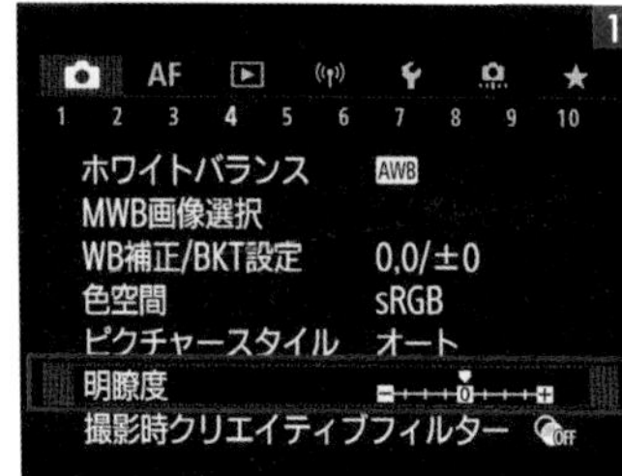

MENUボタンを押し、「4」から「明瞭度」を選択してSETボタンを押す。

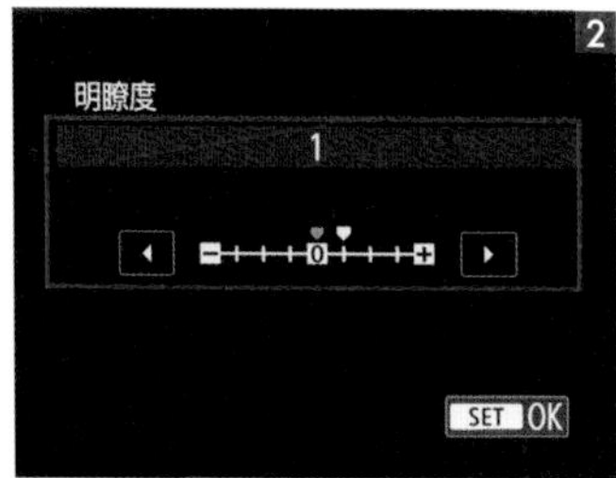

十字キーで強弱を選択してSETボタンを押すと設定される。

【−4】

【+4】

朝靄に包まれた海辺の風景。明瞭度をマイナスにした写真はソフトな印象で、霧に包まれた雰囲気が強調されている。一方、プラスにした写真は島の輪郭がよりきめ細かく表現されている。

SECTION 11 多重露出撮影

KEYWORD ▸▸▸ 多重露出撮影

1 多重露出撮影を知る

多重露出とは、2～9枚の画像を重ね合わせた写真を、画像の重なり具合を確認しながら撮影できる機能のこと。画像の重ね合わせ方は「加算」「加算平均」「比較」の3種類がある。加算は、撮影した画像の露出を加算して重ね合わせ、加算平均は、重ねる枚数に応じて自動的にマイナス補正を行いながら、画像を重ね合わせる。また、比較は基本になる画像と重ね合わせる画像を同じ位置で明るさ（暗さ）を比較して、明るい（暗い）部分を残す。

［ 設定方法 ］

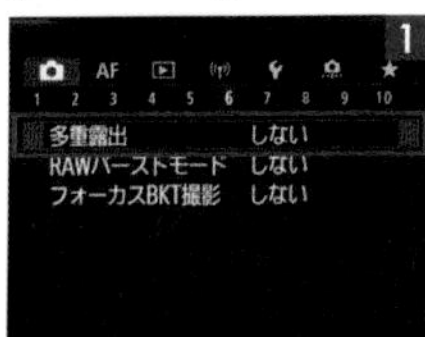

MENUボタンを押し、「6」から「多重露出撮影」を選択してSETボタンを押す。

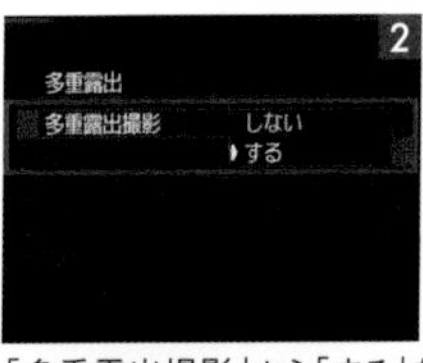

「多重露出撮影」から「する」を選択してSETボタンを押す。

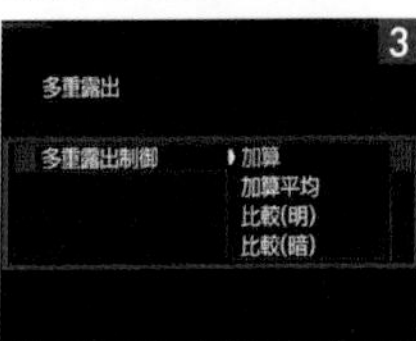

「多重露出制御」から露出の重ね方を選択してSETボタンを押す。

「重ねる枚数」で枚数を選択してSETボタンを押す。

「多重露出撮影の継続」から「1回で終了」か「繰り返し」を選択してSETボタンを押す。

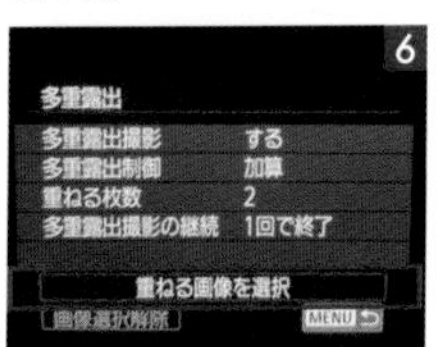

「重ねる画像を選択」では、カードに記録されているJPEG画像を1枚目に指定して、多重露出撮影を行うことができる。

2 多重露出撮影をする

多重露出は1枚撮影では表現できない幻想的なアート写真を気軽に作り出せるのが魅力だ。はじめは2枚重ねからスタートしてみよう。重ねる枚数が増えるほど、画作りは難しくなる。素材はシンプルなものやテクスチャーがはっきりしている被写体が重ねやすいだろう。なお、EOS R7では多重露出利用中、重ねるために撮影した画像は単独で保存できず、合成した写真しか保存されないので注意しよう。

DATA
レンズ RF-S18-45mm F4.5-6.3 IS STM
モード 絞り優先AE
焦点距離 45mm
絞り F6.3
シャッター 1/100秒
ISO 200
WB オート(雰囲気優先)

花の写真をベースにした。こうしたわかりやすい被写体が重ねやすい。

DATA
レンズ RF-S18-45mm F4.5-6.3 IS STM
モード 絞り優先AE
焦点距離 18mm
絞り F4.5
シャッター 1/3200秒
ISO 200
WB オート(雰囲気優先)
露出補正 −1

花の写真をベースに、青空バックに人物のシルエットを撮影し、多重露出の「比較(暗)」で重ねた。「比較(暗)」は暗い被写体を優先して重ねてくれるモード。多重露出は予測できない偶然性も魅力。面白い画面構成の写真に仕上がった。

重ねる画像は、以前撮った画像の中から選択できる

メモリカードに記録されているJPEG画像から多重露出に使いたい画像を選択して適用することが可能だ。上の作例も1枚目の花の画像は、以前撮った画像からピックアップしている。「多重露出」から画面下の「重ねる画像を選択」を選べば、過去に撮った画像が選択できるようになる。

SECTION 12 ノイズ低減機能

KEYWORD ▸▸▸ ノイズ低減機能 ▶ 長秒時露光 ▶ 高感度撮影

1 長秒時露光撮影でのノイズ低減

長秒時露光のノイズ低減は、露光時間が1秒以上で撮影した画像に対し、長秒撮影時に生じやすいノイズを低減してくれる機能だ。通常時は「自動」で十分効果が得られる。「自動」で検出できないノイズが発生した場合に「する」を試そう。なお、露光時間と同程度の時間がノイズ低減処理にかかる場合があるので注意したい。

DATA レンズ RF-S18-45mm F4.5-6.3 IS STM モード 絞り優先AE 焦点距離 26mm 絞り F18 シャッター 4秒 ISO 100 WB 日陰 露出補正 +0.3

4秒の長秒撮影で東京駅を撮影。低速にすることで、行き交う人々をぶらした。長秒時露光のノイズ低減は「自動」に設定。長秒撮影時特有のノイズを検出し低減できた。

[設定方法]

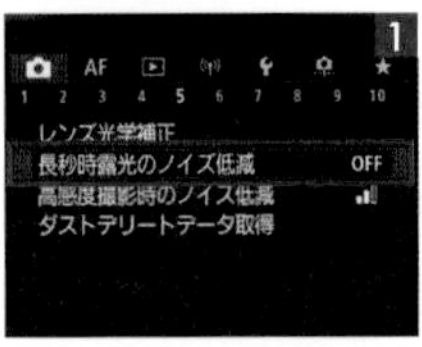

MENUボタンを押し、「5」から「長秒時露光のノイズ低減」を選択してSETボタンを押す。

ノイズの低減の内容を選択してSETボタンを押すと設定される。

2 高感度撮影でのノイズ低減

高感度撮影時のノイズ低減は、画像に発生するノイズ全般を低減してくれる機能だ。特に高感度撮影時に効果があり、低感度撮影時は暗部のノイズを低減できる効果がある。名称だけを見ると高感度撮影時の機能のように見えるが、本機能は低感度から高感度まで幅広く効果があることは覚えておこう。効果のレベルは「しない」「弱め」「標準」「強め」「マルチショットノイズ低減機能」から選択できる。「マルチショットノイズ低減機能」は、より高画質なノイズ低減処理が実行できる機能だ。1回の撮影で4枚連続撮影を行い、合成して1枚のJPEG画像を作り出す。ただ記録画質がRAWの場合は利用できない。

DATA レンズ RF-S18-45mm F4.5-6.3 IS STM モード 絞り優先AE 焦点距離 18mm 絞り F4.5 シャッター 1/250秒 ISO 12800 WB オート(雰囲気優先) 露出補正 +0.3

手持ちで夜景を撮影。シャッター速度が遅くならないように、ISO12800の高感度を利用した。高感度撮影時のノイズ低減を「強め」に設定し、高感度撮影時に発生しやすいノイズに対応した。

[設定方法]

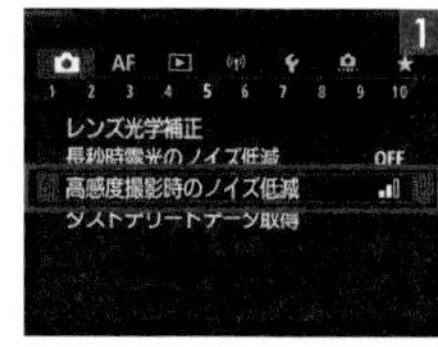

MENUボタンを押し、「5」から「高感度撮影時のノイズ低減」を選択してSETボタンを押す。

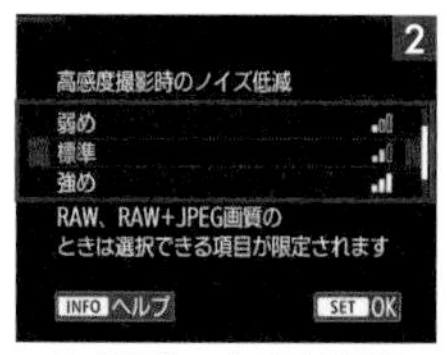

ノイズ低減の内容を選択してSETボタンを押すと設定される。

SECTION 13 動画撮影

KEYWORD ▸▸▸ 動画撮影

1 動画撮影を知る

EOS R7では、静止画撮影と同様の撮影モードで動画を録画することができる。また、クリエイティブフィルターでは「ファンタジー」「オールドムービー」「メモリー」「ダイナミックモノクローム」「ジオラマ風動画」の5種類のフィルター効果を付けての録画が可能だ。動画撮影は静止画よりもデータサイズが大きいため、撮影の前にメモリーカードの容量を確認しておくようにしよう。

［ 設定方法 ］

電源スイッチを🎥にすると静止画撮影から動画撮影に切り替わる。

静止画撮影と同様にモードダイヤルを回すことで撮影モードを切り替えられる。

シャッターボタン半押しで被写体にピントを合わせる。初期状態では動画サーボAFが「する」になっているため、AFを停止したい場合は画面をタッチする。

動画撮影ボタンを押すと録画が開始される。もう一度動画撮影ボタンを押すと、動画撮影が終了する。

2 動画記録サイズを設定する

静止画と同様に動画も記録サイズを設定することができる。設定できるのは「画像サイズ」「フレームレート」「圧縮方式」の3種類だ。記録するサイズによっては選択できるフレームレートと圧縮方式の組み合わせが変わるため、事前に確認しておこう。また、メモリーカードの動画の読み込み・書き込みはカードのクラスに依存するため、画質やフレームレートが高いときは注意が必要だ。

[設定方法]

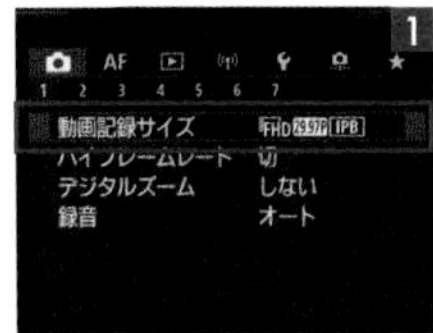

MENUボタンを押し、「📷1」から「動画記録サイズ」を選択してSETボタンを押す。

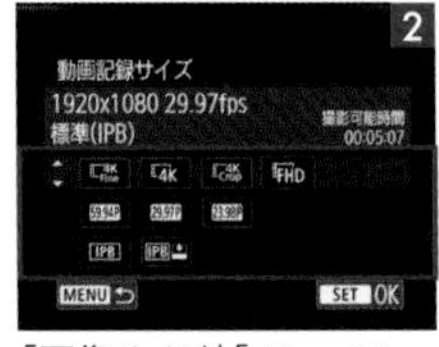

「画像サイズ」「フレームレート」「圧縮方式」を選択してSETボタンを押す。

動画記録サイズの組み合わせによって撮影可能時間が右上に表示される。

[要求カード性能]

動画記録サイズ		SDカード	
解像度	圧縮方式	8bit	10bit
4K UHD Fine/ 4K UHD/ 4K UHD クロップ	IPB(標準)	UHS スピードクラス3以上	ビデオ スピードクラスV60以上
	IPB(軽量)	UHSスピードクラス3以上	
	IPB(標準)	UHSスピードクラス3以上	
	IPB(軽量)	SD スピードクラス10以上	UHS スピードクラス3以上
フルUHD	IPB(標準)	UHSスピードクラス3以上	
	IPB(軽量)	SD スピードクラス10以上	UHS スピードクラス3以上
	IPB(標準)	SD スピードクラス10以上	UHS スピードクラス3以上
	IPB(軽量)	SD スピードクラス6以上	SD スピードクラス10以上
	IPB(標準)	SDスピードクラス6以上	
	IPB(軽量)	SDスピードクラス4以上	

3 3種類の4K動画モード

EOS R7では、さまざまなニーズと条件で選べる3種類の4K動画が採用されている。画角と画質の両方を重視したい場合は「4K UHD Fine」、フル画角で記録かつ汎用性のある「4K UHD」、被写体に近づけない撮影に有効な望遠効果のある「4K UHDクロップ」など、撮影条件によって4K 動画の設定をするのがおすすめだ。ただし、4K動画の種類によっては撮影時間が異なるため、4K動画を撮影する前はメモリーカードの容量を必ず確認しておこう。

上の図はEOS R7のセンサーを示したもの。動画記録サイズの設定により、動画の撮影範囲は変わる。「4K UHDクロップ」は望遠効果のため、撮影範囲が小さく、対して静止画は大きくなっている。

[4K動画の記録時間とファイルサイズの目安]

動画記録	フレームレート（fps）		圧縮方式	カードごとの総記録時間（分）		
	NTSC	PAL		32GB	128GB	512GB
4K UHD Fine	29.97	25	IBP（標準）	35	141	567
	23.98		IBP（軽量）	70	283	1107
4K UHD	59.94	50	IBP（標準）	18	74	296
			IBP（軽量）	35	141	567
	29.97	25	IBP（標準）	35	141	567
	23.98		IBP（軽量）	70	283	1107
4K UHD クロップ	59.94	50	IBP（標準）	18	74	296
			IBP（軽量）	35	141	567
4K UHD（タイムラプス動画）	29.97	25	ALL-I	9	36	145

4 ハイフレームレート動画

EOS R7ではハイフレームレート動画も撮影できる。高品質なスローモーション動画がフルHD/119.88fpsのハイフレームレートで撮影可能だ。1回に撮影できる時間は最長1時間30分であり、それを超えると自動停止する。タイムコードは実時間で4秒分カウントアップされる。他の動画機能と異なり、音声は記録できないので注意しよう。

[設定方法]

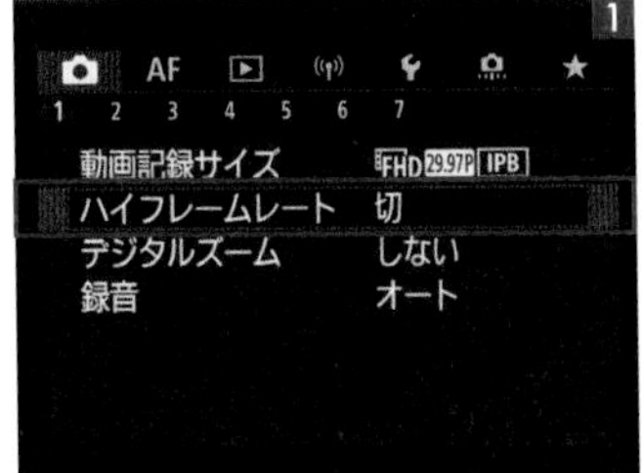

MENUボタンを押し、「1」から「ハイフレームレート」を選択してSETボタンを押す。

「入」を選択してSETボタンを押すとハイフレームレート動画が設定される。

【水のシズル感を描写】

ハイフレームレート動画であれば、こうした流動的な動きもつぶさに記録できる。静止画では表現できないことにチャレンジできる。

【髪をかき上げる様子を描写】

ちょっとした仕草もスローモーションになるだけで画になるものだ。さまざまなシーンでシャッターチャンスを探ってみよう。

動画電子ISで手ブレを軽減しよう

動画撮影時は動画専用に動画電子ISが用意されている。電源スイッチを「」に合わせ、6「手ブレ補正（IS機能）設定」から設定する。項目は「切」「入」「強」から選択できる。動画電子ISを有効にすることで、カメラとレンズの協調制御に加え、画面周辺のブレ補正も可能になる。なお、本IS設定時は、撮影範囲が若干狭くなるので事前に動作を確認して利用しよう。

SECTION 14 RAW現像

KEYWORD ▸▸▸ カメラ内RAW現像▶DPRAW現像

1 カメラ内RAW現像を知る

RAW画像の現像処理を行いたい場合は、通常パソコンのソフトウェアが必要であるが、EOS R7では、RAWまたはCRAWで撮影した画像をカメラ内で現像して、JPEG画像やHEIF画像を作ることが可能だ。この機能を使えば、パソコンを使用することなくJPEG／HEIF画像を生成できる。また、RAW画像そのものは撮影時のまま何も変わらないため、現像条件を変えたJPEG／HEIF画像を何枚でも作ることができる。

［ 設定方法 ］

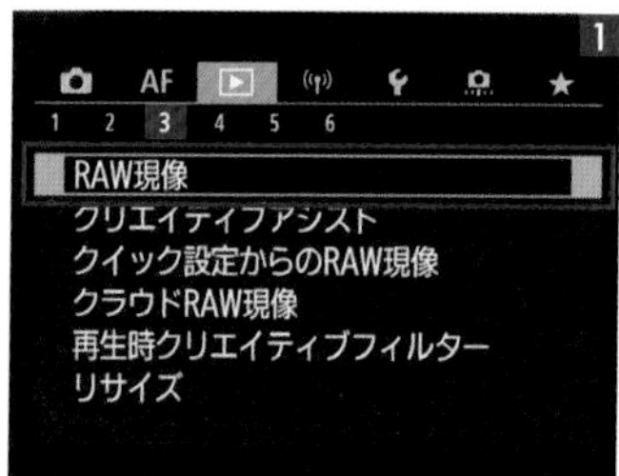

MENUボタンを押し、「▶3」から「RAW現像」を選択してSETボタンを押す。

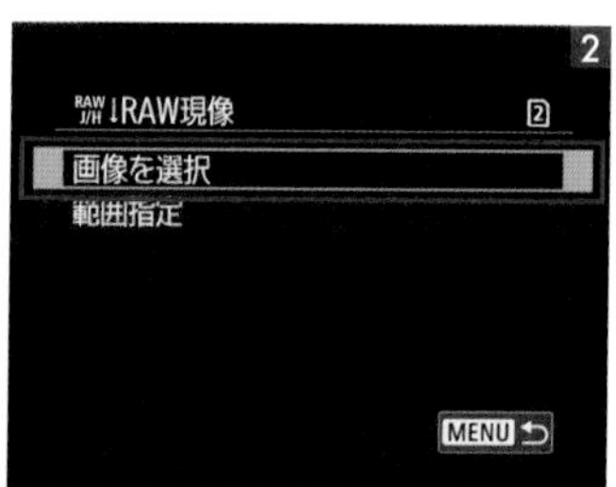

複数枚を選択して現像する場合は「画像を選択」、範囲を選んでまとめて現像する場合は「範囲指定」を選択する。

サブ電子ダイヤルを回して現像する画像を選び、SETボタンを押す。MENUボタンを押すと確定する。

現像の方法を選択する。「細かく設定してJPEGに現像」を選択すると設定を変更できる。

設定したい項目を選択してSETボタンを押す。

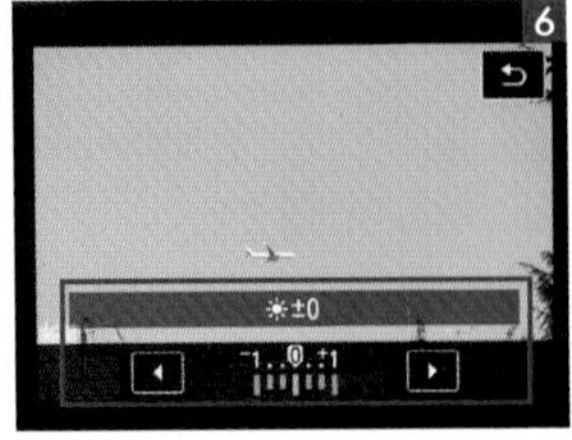

効果の度合いを設定する。

設定後は効果の比較ができる。設定前の画像を確認する際はINFOボタンを押す。

撮影時の設定の画面を確認し、変更後を確認するにはサブ電子ダイヤルを回す。

変更後の画像を確認し、追加の設定がなければMENUボタンを押すと最初の画面に戻れる。

編集が終わったら、「保存」を選択してSETボタンを押す。

新規保存の確認が表示されたら「OK」を選択してSETボタンを押すと保存される。

RAW現像を続ける場合は「はい」、終了する場合は「いいえ」を選択してSETボタンを押す。

2 DPRAW現像を知る

DPRAW撮影とは、撮像素子からのデュアルピクセル情報が付加された特別なRAW画像として記録すること。DPRAW画像は、解像感の微調整や撮影視点の微調整、ゴーストの低減などの画像補正をパソコン上で行うことができる。撮影時にうまく撮影できていなかったとしても、画像調整できれいに仕上げることも可能だ。次ページでは、補正前と補正後の調整結果を紹介する。

[設定方法]

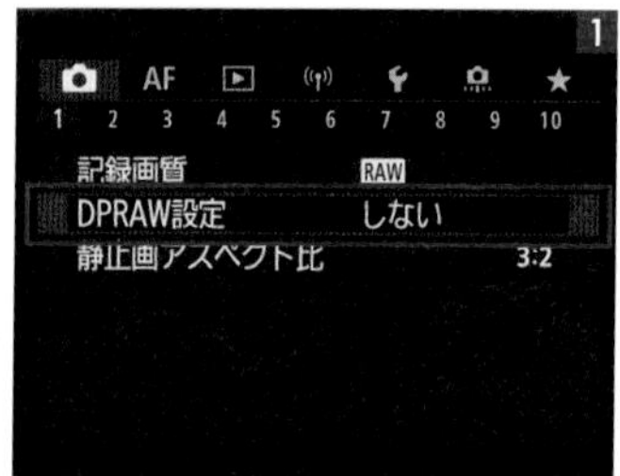

MENUボタンを押し、「1」から「DPRAW設定」を選択してSETボタンを押す。

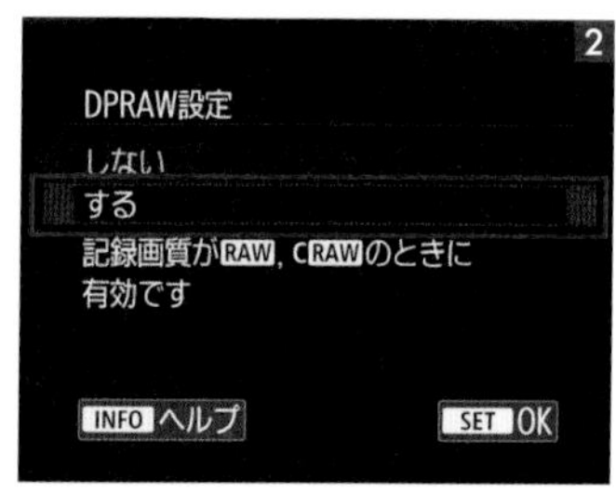

「DPRAW設定」から「する」を選択してSETボタンを押す。

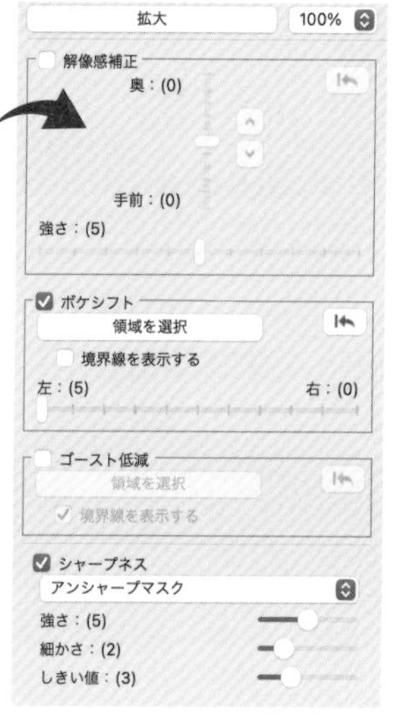

DPRAWで撮影されたRAW画像は、Digital Photo Professional 4内の「デュアルピクセルRAWオプティマイザ」を適用することで、解像感の微調整や撮影視点の微調整、ゴーストの低減を行うことが可能となる。「デュアルピクセルRAWオプティマイザ」はメニューの「ツール」から選択する。

RAW現像

【解像感の微調整】

【補正なし】

【補正あり】

解像感の微調整は画面内「解像感補正」で行う。手前から奥までの間でポイントを指定し、補正の強さを決めて調整を行う。ここでは樹木の奥の部分（奥5）に焦点を当て、解像感を強め（強さ10）に設定し、シャープな仕上がりに現像した。

【撮影視点の微調整】

【補正なし】

【補正あり】

撮影視点の微調整は画面内「ボケシフト」で行う。調整領域を決め、シフトする方向を左右のいずれかから選択する。ここではシフトを左端（左5）まで調整した。「ボケシフト」は撮影視点だけでなく、像がシフトすることで玉ボケの見え方が変わるのも特徴的だ。

【ゴーストの低減】

【補正なし】

【補正あり】

ゴーストの低減は画面内「ゴースト低減」で行う。調整領域を決め、低減機能を適用する。ここでは、太陽周辺に現れたゴーストが低減され、ほとんど見えなくなった。なお、この3つの補正機能はいずれも被写体によって効果の効き目が異なることは覚えておきたい。

Column

長秒撮影時に活躍する三脚の選び方

長秒撮影時は三脚を活用することで、さらに表現の幅が広がる。三脚は自分の撮影スタイルに応じて最適な1本を選ぼう。持ち歩きながら使うなら、携帯性に優れたトラベル三脚がおすすめだし、花が主題ならば、脚は高くより低くできるほうが利便性は高い。素材はカーボンとアルミ製のいずれかから選ぶ。カメラを取り付ける雲台も、安定感があって操作しやすい2WAY雲台や、自由に角度を微調整できる自由雲台などさまざまなタイプのものがある。

［ 設定方法 ］

三脚の脚は1本がちょうど自分の前に出るようにしっかり開いてセットする。三脚の高さは、エレベーターを使わず一番高くした状態で、少し屈んでカメラのファインダーが覗きやすいものがおすすめ。

三脚の購入を検討する際は、高さの微調整で使うエレベーター（赤く囲った部分）の有無も確認しよう。エレベーターはあったほうが重宝する。補助的な部位なので、脚を伸ばし切ってから使おう。

DATA レンズ RF-S18-150mm F3.5-6.3 IS STM　モード シャッター優先AE　焦点距離 45mm　絞り F11　シャッター 0.3秒　ISO 100　WB 太陽光　露出補正 +0.3

この場面では水流の動感を演出するために三脚を使って長秒撮影を行っているが、ここでの三脚は構図をしっかり吟味する目的も兼ねている。他にも、重い機材を安定的に支えるために使用する。三脚はさまざまな場面で存在感を発揮するアイテムなのだ。

第5章

交換レンズ

SECTION 01

交換レンズの基本

KEYWORD ▸▸▸ ズームレンズ▶単焦点レンズ

1 ズームレンズと単焦点レンズ

レンズは、焦点距離を変えられるズームレンズと、焦点距離が固定された単焦点レンズの2つに分けられる。ズームレンズは広角から望遠まで画角をカバーすることができるため、さまざまなシーンで対応が可能だ。それに対して、単焦点レンズは1つの焦点距離しかないため、被写体との距離は自分が移動しなくてはならない。だが、開放絞り数値の小さい明るいレンズが多いため、ボケが作りやすく、暗所の撮影に強いのが魅力だ。特性を見極め、被写体別に使い分けよう。

2 レンズ名称と仕様の見方

レンズはレンズ名から、焦点距離やレンズの絞りを開放にしたときの絞り数値(開放絞り数値)、シリーズ名、手ブレ補正機構などの性能を知ることができるので、覚えておこう。ここではEOS R7のキットレンズであるRF-S18-150mm F3.5-6.3 IS STMで解説する。

❶ フォーカスリング	MF時に、左右に回してピントを合わせる。
❷ ズームリング	左右に回して、焦点距離を変えて、画角を調整する。(※ズームレンズのみ)
❸ 焦点距離目盛	撮影できる焦点距離の目盛。
❹ ズーム指標	設定している焦点距離を示す。
❺ レンズ取り付け指標	レンズを取り付ける際、この指標をカメラ側のレンズ取り付け指標に合わせて装着する。

[型番の意味]

RF-S18-150mm F3.5-6.3 IS STM

❶ ❷ ❸ ❹ ❺

❶ RF-S	「EOS」に装着できる「RFマウント」を示す。キヤノン純正レンズは「RFレンズ」「EFレンズ」「EF-Sレンズ」「EF-Mレンズ」がある。
❷ 18-150mm	レンズがカバーする焦点距離を示す。数値が大きくなるほど遠くの被写体を大きく、小さくなるほど広い画角で撮影できる。
❸ F3.5-6.3	「絞り数値」と呼ばれる数値でレンズの明るさを示す。数値が小さいほど明るく、薄暗い場所での撮影に強いレンズである。
❹ IS	手ブレ補正機構／ISユニット搭載レンズであることを示す。光量の足りない場所でも手持ち撮影ができるレンズである。
❺ STM	STMはステッピングモーターの略。オートフォーカス時のレンズ駆動音が小さくスムーズで動画撮影でも活躍する。

3 焦点距離と画角の関係

焦点距離とはレンズの中心から映像素子（イメージセンサー）までの距離のことで、画角とは写る範囲のことである。焦点距離はmmで表され、レンズによっては数値が異なり、写る範囲も変わってくる。焦点距離は35mm判換算から算出ができる。キヤノンのAPS-Cセンサーの場合、レンズ側の焦点距離を1.6倍したものが焦点距離となる。

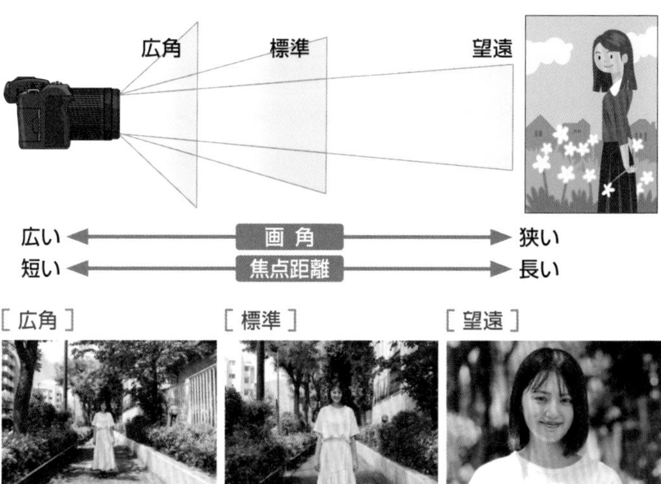

レンズの焦点距離（mm）は短くなるほど広角となり、写せる範囲が広がる。逆に焦点距離が長くなるほど望遠となり、被写体にクローズアップして写せるようになる。広角レンズは情景を広く撮りたいときなどに使われ、望遠レンズは近づいて被写体が撮れないときなどに有効だ。標準レンズは肉眼に近い範囲を切り取れるのが魅力だ。

SECTION
02 標準ズームレンズ

KEYWORD ▸▸▸ 標準ズームレンズ▶スナップ

1 標準ズームレンズの効果

標準ズームレンズは、広角から望遠までをカバーするズームレンズだ。35mm判換算で24mmから70mm前後のものが多い。日常的な被写体は大抵、標準ズームレンズでカバーできるため、最初に購入する1本としてもおすすめだ。標準ズームレンズを使ってみて、撮れないものや表現しきれないものが生じたら、ほかのレンズを検討してみよう。

RF-S18-45mm F4.5-6.3 IS STM

軽量コンパクトのAPS-Cセンサー対応の標準ズームレンズ。35mm判換算29～72mm相当をカバー。ズームリングを回転させ鏡筒を収納する。

DATA

レンズ	RF-S18-45mm F4.5-6.3 IS STM
モード	絞り優先AE
焦点距離	18mm
絞り	F4.5
シャッター	1/125秒
ISO	100
WB	太陽光
露出補正	+0.3

標準ズームレンズは日常で出合う被写体に対応する。ここでは大ぶりのハンバーガーを広角側でぐっと近づき、ダイナミックに切り取った。標準ズームレンズは接写性能に優れたものも多い。RF-S18-45mm F4.5-6.3 IS STM も0.15mまで被写体に近づける（18mm使用、MF時）。

2 標準ズームレンズの特性を生かして撮る

標準ズームレンズの魅力は、表現内容に応じて広角と標準、望遠それぞれの描写性をレンズ交換することなく、直感的に使い分けて利用できることにある。風景を広く入れ込んで撮ることもできれば、クローズアップして主題を強調して写すことも可能だ。街中などは見たままの情景を、標準域を使って素直な視点でスナップしてみよう。

【風景】

DATA
レンズ RF-S18-45mm F4.5-6.3 IS STM
モード 絞り優先AE
焦点距離 22mm
絞り F16
シャッター 1/80秒
ISO 100
WB くもり
露出補正 -0.3

早朝、海辺の風景。水面へのリフレクションと樹木越しの青い海、そして右端にブランコを入れ、絞り込んで全体にピントを合わせながら切り取った。こうした情報量の多いシーンは広角側をうまく使い、構図を吟味しながら撮っていこう。

【花】

DATA
レンズ RF-S18-45mm F4.5-6.3 IS STM
モード 絞り優先AE
焦点距離 45mm
絞り F6.3
シャッター 1/320秒
ISO 100
WB 太陽光

レンズの望遠端を使って花を大きく写した。背景ボケも美しい。RF-S18-45mm F4.5-6.3 IS STMの望遠端は35mm判換算で72mm相当だが、標準ズームレンズの中には100mm相当まで望遠にできるものもある。望遠側に長いほど表現に幅ができる。

SECTION 03

広角ズームレンズ

KEYWORD ▸▸▸ 広角ズームレンズ▶遠近感

1 広角ズームレンズの効果

広角ズームレンズは、広角域に特化したズームレンズだ。標準ズームレンズよりも、より広い広角域を利用できるのが魅力で、主に35mm以下の焦点距離を備えるレンズを指す。風景や建物の全景を広く取り込みたいときや、遠近感を強調して広く情景を表現したいときなどに重宝する。風景からポートレートまで幅広く活躍するレンズだ。

RF15-30mm F4.5-6.3 IS STM

超広角15mmから見た目に近い範囲の30mmまでをカバーする軽量・コンパクトな広角ズームレンズ。EOS R7に取り付けて使用する場合は、クロップされ24～48mm相当での利用となる。

DATA レンズ RF15-30mm F4.5-6.3 IS STM モード 絞り優先AE 焦点距離 15mm 絞り F4.5 シャッター 1/800秒 ISO 100 WB 太陽光 露出補正 +1

自然風景を雄大に表現したいときは広角ズームレンズが最適だ。レンズは広角になるほど手前の被写体をより大きく、奥にある被写体はより小さく、遠近感を出しながら撮影できるようになる。ここでも手前でしぶきを上げる波を強調しながら、情景を力強く描写できた。

2 広角ズームレンズの特性を生かして撮る

広角レンズは広く情景を写し込めるのが最大の特長だが、被写体に近づくことで、遠近感を強調した躍動感ある描写が楽しめるようになる。寄りと引きも意識しながら使ってみよう。一方、広角レンズは画面周辺が歪みやすい。そのため、人物などの主題はなるべく画面の端に配置しないように意識したい。また、広く撮れる分、入り込む要素も増える。必然的に構図の組み立てはほかのレンズより難しくなる。

【遠近感の強調】

DATA
レンズ RF15-30mm F4.5-6.3 IS STM
モード 絞り優先AE
焦点距離 15mm
絞り F8
シャッター 1/80秒
ISO 500
WB オート(雰囲気優先)
露出補正 -0.3

広角端15mmで撮影。低いアングルから両側に欄干を入れ込むことで遠近感が強調され、手前から奥に伸びる橋の存在感が増した。このように広角レンズはラインを生かすことで躍動感のある画作りが楽しめる。

【ボケの演出】

DATA
レンズ RF15-30mm F4.5-6.3 IS STM
モード 絞り優先AE
焦点距離 30mm
絞り F6.3
シャッター 1/1600秒
ISO 500
WB オート(雰囲気優先)
露出補正 -0.3

望遠端30mmで撮影。元々広角レンズは被写界深度が深い。しかし近づいて絞りを開くことで、ボケを演出できる。この作例も、あえてグリーンの植物に近づくことで、美しい背景ボケが表現できた。

SECTION 04

望遠ズームレンズ

KEYWORD ▸▸▸ 望遠ズームレンズ ▶ 圧縮効果 ▶ ボケ味

1 望遠ズームレンズの効果

望遠ズームレンズは、望遠域に特化したズームレンズだ。乗り物や動物、野鳥など、近くから狙えない被写体を、大きく引き寄せて撮影したい場面などで効果を発揮する。また、レンズは望遠になるほど被写界深度が浅くなり、圧縮効果が増す。こうした描写性を利用するために望遠レンズを用いることも多いため、積極的に活用していこう。

RF100-400mm F5.6-8 IS USM

高い描写力を持ちながら機動力にも優れた軽量・コンパクトの望遠ズームレンズ。EOS R7に取り付けて使用する場合はクロップされて、さらに望遠の160〜640mm相当での利用が可能になる。

DATA ▶ レンズ RF100-400mm F5.6-8 IS USM　モード シャッター優先AE　焦点距離 400mm
絞り F8　シャッター 1/160秒　ISO 2000　WB オート(雰囲気優先)

動物園のマーラを400mmの望遠端で撮影した。動物園では望遠レンズは必須アイテム。遠くにいる動物も、じっくりアップで撮影できる。

2 望遠ズームレンズの特性を生かして撮る

前述のように望遠レンズはボケが豊かで、遠近感も乏しく情景を圧縮して写せる特長を持っている。そのため、ポートレートなどではダイナミックな背景ボケを演出するのに望遠レンズを用いたりする。乗り物などは、背景を圧縮することで、主題を強調しながら重厚感のある描写が楽しめる。なお、レンズは望遠になるほど入り込む要素がシンプルになるため、広角域と違って構図は組み立てやすい。

【圧縮効果を生かす】

DATA
レンズ RF100-400mm F5.6-8 IS USM
モード 絞り優先AE 焦点距離 360mm
絞り F8 シャッター 1/800秒 ISO 250
WB 太陽光

360mmの望遠で撮影。かなり離れていたが、ウインドサーフィンの様子をクローズアップして撮影できた。ここでは、背景の岸壁を圧縮効果で引き寄せ、ダイナミックに入れ込んで撮っていることも大きなポイントになる。

【ボケ味を生かす】

DATA
レンズ RF100-400mm F5.6-8 IS USM
モード 絞り優先AE
焦点距離 400mm
絞り F8
シャッター 1/800秒
ISO 5000
WB 太陽光
露出補正 +0.7

望遠端400mmで撮影。望遠レンズは大きなボケも魅力の1つ。ここでは前後に大きなボケを作ることで、全体的に柔らかな質感で人物の表情を撮影できた。圧縮効果もあって、非常にドラマチックな仕上がりになっている。

SECTION 05 単焦点レンズ

KEYWORD ▸▸▸ 単焦点レンズ▶マクロ

1 単焦点レンズの効果

焦点距離が複数から選べるズームレンズに対し、焦点距離が固定したレンズを単焦点レンズという。単焦点レンズの魅力は開放絞り数値が小さく明るいことだ。ドラマチックなボケが手軽に演出できる。一方で、ズームレンズのような機動力はない。フットワークを生かし、自ら動きながら撮影するのが単焦点レンズの基本スタイルとなる。

RF24mm F1.8 MACRO IS STM

開放絞り数値がF1.8で、大きなボケ表現が楽しめる広角単焦点レンズ。最大撮影倍率0.5倍のハーフマクロ機能を搭載。EOS R7に取り付けて使用する場合は38mm相当での利用となる。

DATA ▶ レンズ RF24mm F1.8 MACRO IS STM　モード 絞り優先AE　焦点距離 24mm
絞り F1.8　シャッター 1/2000秒　ISO 100　WB オート(雰囲気優先)　露出補正 +0.3

F1.8で撮影。背景ボケが非常に大きく、子供の表情がより印象的に描写されている。このように単焦点レンズは気軽にボケ描写を行えるのが大きな魅力だ。

2 単焦点レンズの特性を生かして撮る

単焦点レンズは広角、標準、望遠とそれぞれにラインナップされている。今回使用するRF24mm F1.8 MACRO IS STMは広角単焦点レンズに属する。前ページの作例のように、背景を広く取り込みながら開放的な雰囲気でボケを演出できるのが大きな特長だ。また、本レンズはマクロ機能も搭載されているため、被写体に近づきながら小さな世界を大きく写すこともできる。こだわった画作りをしたい人は、単焦点レンズを1本持っていると重宝するだろう。

【気軽に持ち運べる携帯性】

DATA
レンズ RF24mm F1.8 MACRO IS STM
モード プログラムAE
焦点距離 24mm
絞り F6.3
シャッター 1/320秒
ISO 100
WB オート(雰囲気優先)
露出補正 +0.3

単焦点レンズはレンズ構成がシンプルなこともあって、コンパクトで薄型のものも多い。本レンズも全長約63.1mm、質量約270gで携帯しやすいサイズ感だ。この作例のように気軽なスナップ撮影にも非常にマッチしている。

【マクロ性能で接写する】

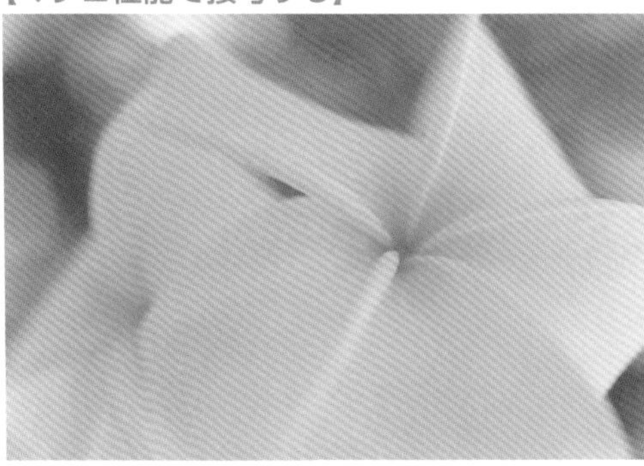

DATA
レンズ RF24mm F1.8 MACRO IS STM
モード 絞り優先AE
焦点距離 24mm
絞り F2
シャッター 1/1000秒
ISO 100
WB オート(雰囲気優先)
露出補正 +0.3

ハーフマクロの特長を生かして花びらを接写した。絞りを開くことで美しいボケも演出できた。本レンズのように単焦点レンズの中にはマクロ機能を備えたものもある。購入時はこのあたりのスペックにも注目してみよう。

SECTION 06 マウントアダプター

KEYWORD ▸▸▸ マウントアダプター ▶ドロップインフィルター

1 マウントアダプター

キヤノンにはデジタル一眼レフ専用のEFレンズがあり、専用のマウントアダプターを用いることで、EOS R7でも利用可能となる。EFレンズの機能がそのまま利用できる「マウントアダプター EF-EOS R」、機能を割り当てられるコントロールリング搭載の「コントロールリングマウントアダプター EF-EOS R」、円偏光フィルターが装着できる「ドロップインフィルター マウントアダプター EF-EOS R ドロップイン 円偏光フィルター A付」、可変式のNDフィルターが装着できる「ドロップインフィルター マウントアダプター EF-EOS R ドロップイン 可変式NDフィルター A付」の4種類がある。

マウントアダプター
EF-EOS R

コントロールリング
マウントアダプター
EF-EOS R

ドロップインフィルター
マウントアダプター EF-EOS R
ドロップイン 円偏光フィルター A付

ドロップインフィルター
マウントアダプター EF-EOS R
ドロップイン 可変式NDフィルター A付

2 ドロップインフィルターを活用して撮る

マウントアダプターにそのまま装着できるドロップインフィルターは、レンズの口径に合わせてフィルターを用意する必要がなく、非常に便利だ。超広角レンズのような前玉が飛び出したレンズに対してもフィルターを適用できる。なお、2種類のフィルターはそれぞれ単体での購入が可能だ。マウントアダプターが1つあれば、2つのフィルターは交互に差し替えて利用できる。

ドロップイン 円偏光フィルター A

青空を濃くしたり、光の反射を抑制する効果がある。光の反射に合わせダイヤルでフィルターを回転させて効果の度合いを調整していく。

DATA▶ レンズ EF24-70mm F2.8L II USM
モード 絞り優先AE 焦点距離 27mm
絞り F8 シャッター 1/100秒 ISO 400
WB 太陽光 露出補正 +0.7

ドロップインフィルター マウントアダプター EF-EOS Rに、ドロップイン 円偏光フィルター Aを装着し、青空をより印象的に濃く描写。偏光フィルターも1つ持っておくと重宝するアイテムだ。

ドロップイン 可変式NDフィルター A

NDフィルターはカメラに入る光量を弱める効果がある。本フィルターは可変式でND3〜500相当の濃度調整が可能だ。

DATA▶ レンズ EF24-70mm F2.8L II USM
モード 絞り優先AE 焦点距離 28mm
絞り F14 シャッター 0.4秒 ISO 100
WB くもり

ドロップインフィルター マウントアダプター EF-EOS Rに、ドロップイン 可変式NDフィルター Aを装着し、行き交う人々を低速で流した。NDフィルターを使えば、晴天下の明るい場所でも低速シャッターが利用できる。

SECTION 07

手ブレ補正機構

KEYWORD ››› 手ブレ補正

1 手ブレ補正機構を知る

レンズ名称に「IS」がついたレンズには、レンズ内手ブレ補正機構のIS（イメージ・スタビライザー）が搭載されている。ISレンズに内蔵された手ブレ補正機能を使用することで、撮影するときのわずかなカメラの動き（手ブレ）を補正して、鮮明な写真を撮ることができる。

2 IS非搭載レンズを使用する

RFレンズの中でも、RF28-70mm F2 L USMやRF85mm F1.2 L USMなど、製品名にISが含まれていないものはIS非搭載のレンズである。IS非搭載のレンズを使用する場合は、メニューから手ブレ補正（IS機能）を設定し、手ブレ補正機能スイッチをONにすることでカメラのIS機能が作動する。

［ 設定方法 ］

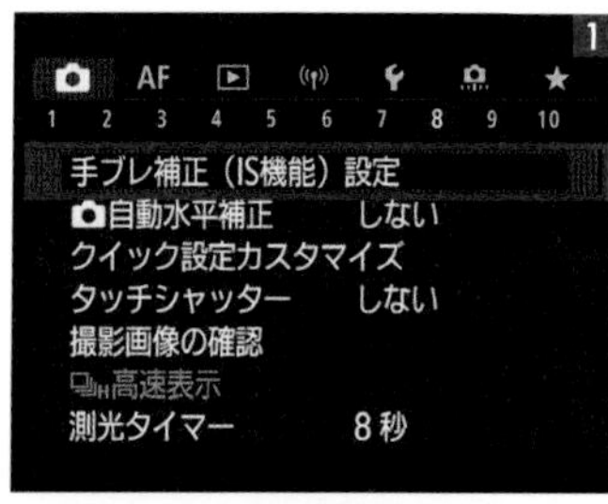

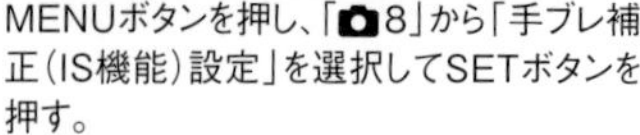
MENUボタンを押し、「8」から「手ブレ補正（IS機能）設定」を選択してSETボタンを押す。

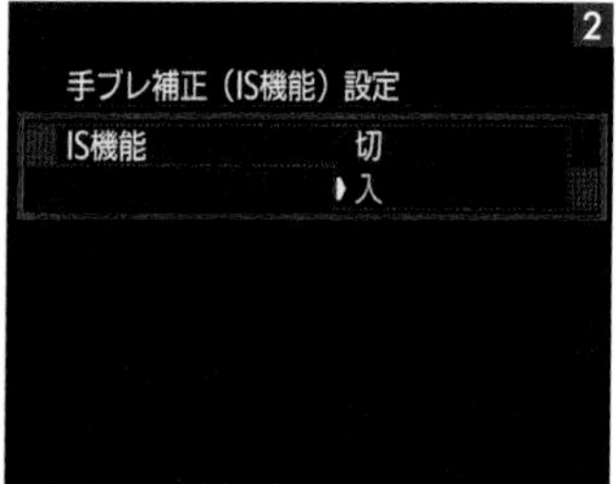

「IS機能」から「入」を選択して、次の画面で「常時」か「撮影時のみ」を選択する。

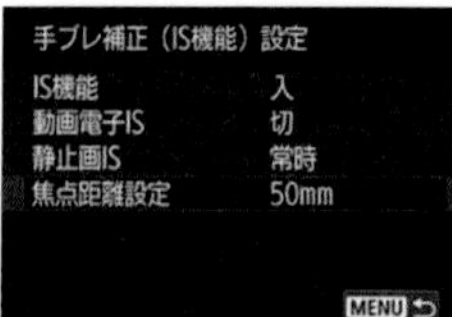

レンズ通信非対応のレンズ装着時は、レンズの焦点距離情報をカメラ側に登録することで、設定した焦点距離に合わせた手ブレ補正を行うことが可能になる。設定は、手ブレ補正（IS機能）設定から行うが、対象の機種を装着した場合のみ項目が表示される。焦点距離は1～1000mm（1mm単位）の間で設定可能だ。

3 手ブレ補正を活用して撮る

レンズ内ISとの協調制御で約8.0段の手ブレ補正効果を実現できるEOS R7の機動力は、シーンに応じてさまざまな表現を可能にしていく。気軽に手持ちで低速描写が行えるし、暗所でもISO感度を高感度にしすぎず、手持ちで撮影を行うことができる。シャッタースピードが遅くなりがちな開放絞り数値の暗いズームレンズを使うシーンでも、手ブレ補正を活用すれば大きな役割を果たすはずだ。

DATA
レンズ RF-S18-150mm F3.5-6.3 IS STM
モード シャッター優先AE
焦点距離 18mm
絞り F18
シャッター 1/5秒
ISO 100
WB 太陽光
露出補正 +0.3

1/5秒の低速シャッターを利用し、手持ち撮影した。動く被写体が大きくぶれることで、動感のある幻想的な描写になった。こうした低速シャッターによる表現も、手ブレ補正がしっかり機能すれば、三脚いらずで直感的に行うことができるのだ。

DATA
レンズ RF100-400mm F5.6-8 IS USM
モード 絞り優先AE
焦点距離 35mm
絞り F5.6
シャッター 1/60秒
ISO 200
WB オート(雰囲気優先)
露出補正 +0.7

望遠レンズは手ブレが生じやすいので、ぜひ手ブレ補正機構を有効に活用しよう。ここでは手持ちで100mmの望遠レンズを使用。0.5秒の低速シャッターで撮影しているが、手ブレ補正機構を用いることで、手ブレせずに動く電車のみをぶらして描写できた。

SECTION 08 レンズ光学補正

KEYWORD ▸▸▸ 周辺光量補正 ▶ 歪曲収差補正 ▶ デジタルレンズオプティマイザ

1 周辺光量補正を知る

周辺光量とは、レンズ中心部の明るさ（中心光量）に対する、レンズの縁辺部の明るさのこと。周辺光量補正では、画像の四隅が暗くなる周辺光量の低下を補正することができる。周辺光量によって画面が暗くなるのはデメリットだけではなく、シチュエーションに応じてあえて補正をOFFにすることで、レトロな雰囲気のある表現も可能だ。

［ 設定方法 ］

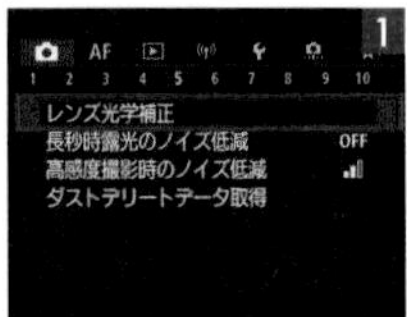

MENUボタンを押し、「📷5」から「レンズ光学補正」を選択してSETボタンを押す。

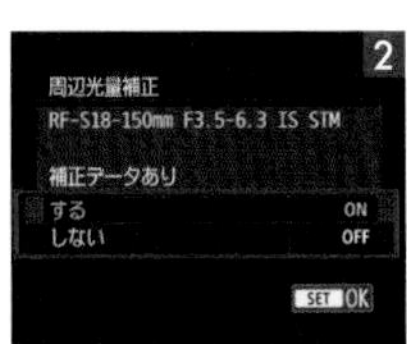

「レンズ光学補正」から「する」「しない」を選択してSETボタンを押す。

2 歪曲収差補正を知る

歪曲収差とは、四角い被写体が樽型や糸巻き型になるなど、形状が歪んで写る現象のこと。歪曲収差補正では、画像に歪みが生じる歪曲収差を補正することができる。周辺光量と同様にこちらもデメリットだけではなく、意図的に歪みを生じさせてアーティスティックな表現も可能だ。自分の表現したいものを意識して、補正機能を活用していこう。

［ 設定方法 ］

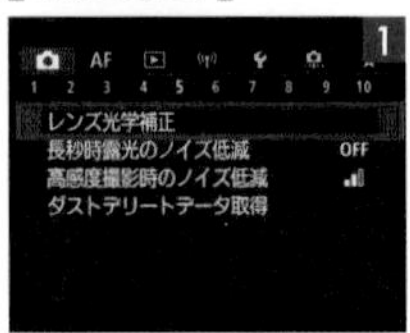

MENUボタンを押し、「📷5」から「レンズ光学補正」を選択してSETボタンを押す。

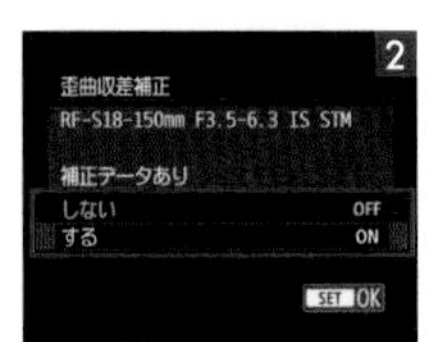

「歪曲収差補正」から「する」「しない」を選択してSETボタンを押す。

3 デジタルレンズオプティマイザを知る

デジタルレンズオプティマイザとは、レンズごとの補正データをカメラに登録し、レンズの光学特性によって生じる諸収差や回折現象、ローパスフィルターに起因する解像劣化を補正していく機能だ。「補正データなし」が表示された場合は、EOS Utilityを使用して補正用データを登録することができる。

［ 設定方法 ］

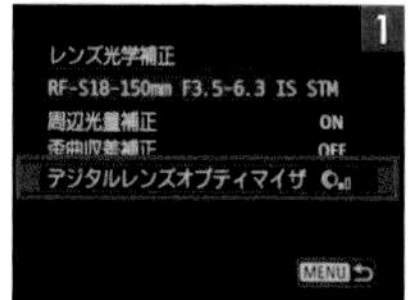

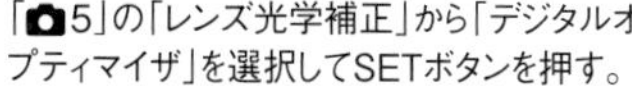
「◘5」の「レンズ光学補正」から「デジタルオプティマイザ」を選択してSETボタンを押す。

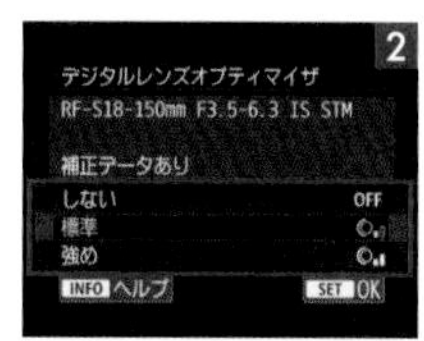

「デジタルレンズオプティマイザ」から「しない」「標準」「強め」を選択してSETボタンを押す。

【画面周辺の収差】

OFF

ON

広角レンズ使用時は、画面周辺の画質が損なわれやすい。画が流れるように描写され、周辺光量が落ちてしまうことがある。デジタルレンズオプティマイザを使うと、解像感が増し、周辺光量も補正される。

【開放絞り設定時の細部の描写】

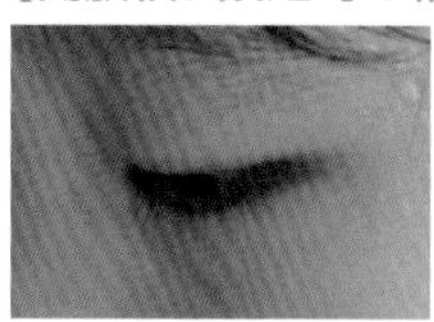
OFF

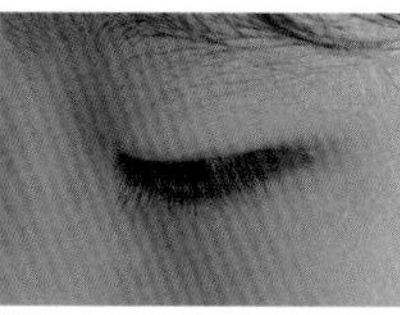
ON

明るいレンズは、開放絞り数値で撮るとシャープな質感が失われ、ややぼやけたような描写になることがある。デジタルレンズオプティマイザを使うと、細部にわたってシャープな質感を維持しやすくなる。

【回折現象の解像度の低下】

OFF

ON

絞りを絞るとシャープな質感が損なわれやすい。これを回折現象というが、デジタルレンズオプティマイザを使うとこうした現象も目立たなく補正でき、シャープな描写で撮影することが可能になる。

Column

マルチアクセサリーシューを活用する

EOS R7はマルチアクセサリーシュー対応機種だ。マルチアクセサリーシューは、従来のアクセサリーシューと異なり、システム拡張可能な次世代インターフェースとなっている。ストロボのコントロールや音声のデジタル入力に対応。高速データ通信も行えて、カメラからアクセサリーへの電源供給も可能になった。また、接点はコネクタータイプを採用し、より安定した接触状況を維持。エラー発生時のガイダンス機能も搭載されている。従来機同様の接点部（5ピン）を備えているため、所有のアクセサリーもそのまま使用できる。アクセサリー未装着時は専用のシューカバーを取り付けることを忘れないようにしよう。接点部への異物や水滴などの侵入を防ぐことができる。

使用する際はシューカバーを取り外し、接点部に接触するように適応アクセサリーを装着する。

【AD-E1】

防塵·防滴性能を備えた従来のアクセサリーを、マルチアクセサリーシューを搭載したカメラに装着するための変換アダプター。AD-E1自体も防塵·防滴に対応している。

【AD-E1対象アクセサリー】

スピードライト
EL-1

スピードライト
600EX II-RT

スピードライト
600EX-RT

スピードライト
580EX II

スピード
トランスミッター
ST-E3-RT

オフカメラ
シューコード
OC-E3

GPSレシーバー
GP-E2

第6章

操作や撮影設定のカスタマイズ

SECTION 01

ボタンやダイヤルの機能変更

KEYWORD ▸▸▸ ボタンカスタマイズ▶ダイヤルカスタマイズ▶AFエリア▶トラッキング

1 ダイヤルをカスタマイズする

EOS R7は、ダイヤルを撮影者の好みの設定へカスタマイズすることが可能だ。自分の好きな操作を割り当てることで、操作性が格段に上がるだろう。ダイヤルカスタマイズができるのはメイン電子ダイヤル、サブ電子ダイヤル、コントロールリングの3つのダイヤル。撮影を行っていく上で、自分好みのカスタマイズを探してみよう。

［ 設定方法 ］

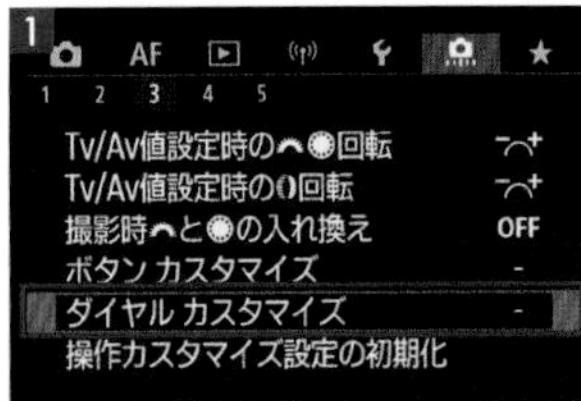

MENUボタンを押し、「3」から「ダイヤルカスタマイズ」を選択してSETボタンを押す。

機能を割り当てたいダイヤルが選択できる。

割り当てたいダイヤル（ここではサブ電子ダイヤル）を選択し、SETボタンを押す。

割り当てる機能を選択し、SETボタンを押す。

ダイヤルカスタマイズの画面に戻ると、割り当てた機能が表示される。

2 ボタンをカスタマイズする

ダイヤルと同様に、カメラ本体に設けられた各操作ボタン類もカスタマイズすることが可能だ。よく使う機能を割り当てることで、撮影時に素早く、快適に操作を行うことができる。また、ファンクションボタンが搭載されているレンズも設定できるため、自分が操作しやすいボタンの割り当てをいろいろ試してみよう。

［ 設定方法 ］

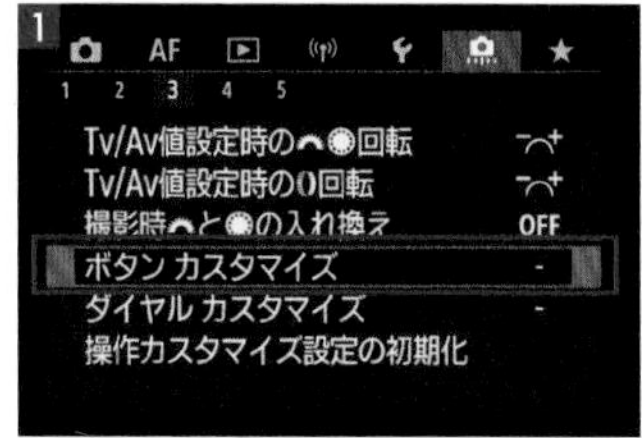

MENUボタンを押し、「3」から「ボタンカスタマイズ」を選択してSETボタンを押す。

機能を割り当てたいボタンを選択する。

割り当てる機能を選択し、SETボタンを押す。

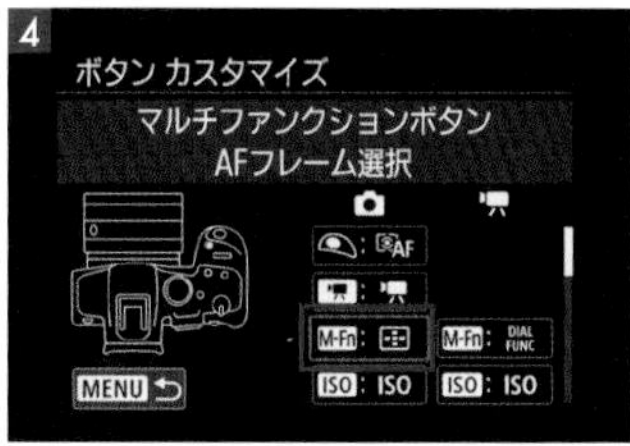

ボタンカスタマイズの画面に戻ると、割り当てた機能が表示される。

［ 操作カスタマイズ設定の初期化 ］

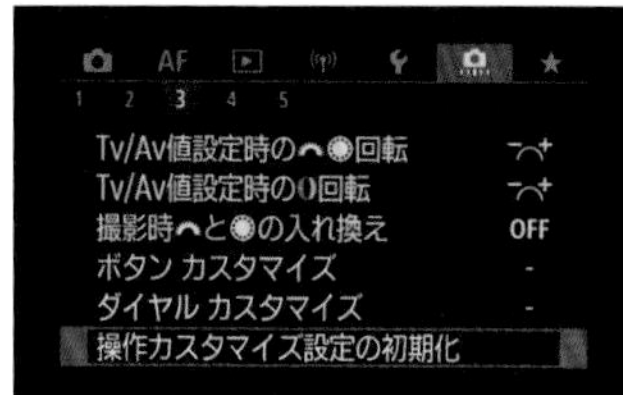

ダイヤルやボタン類をカスタマイズした場合でも、メニューからカスタマイズした設定を出荷時と同じように初期化できる。操作系統のカスタマイズを見直したい場面で便利だ。設定は「3」の「操作カスタマイズ設定の初期化」から行えるようになっている。

3 AFエリアのカスタマイズ

EOS R7のAFエリア（→P.38）を存分に生かすには、ダイヤルカスタマイズがおすすめだ。もちろん、メニュー画面からも切り替えは可能だが、ファインダーを覗きながら親指でサブ電子ダイヤルを操作するだけで切り替えを行うことができるため、大事なシャッターチャンスを逃すことなく落ち着いて撮影できるだろう。

［ 設定方法 ］

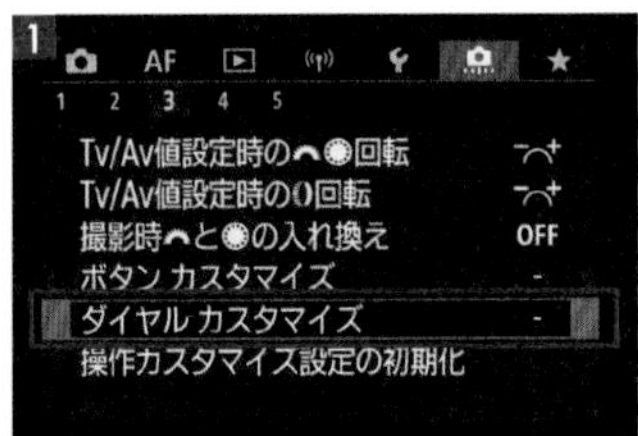

MENUボタンを押し、「3」から「ダイヤルカスタマイズ」を選択してSETボタンを押す。

サブ電子ダイヤルを選択する。

「AFエリア」を選択し、SETボタンを押す。

ダイヤルカスタマイズの画面に戻ると、「AFエリア」がサブ電子ダイヤルに割り当てられる。

サブ電子ダイヤルで簡単にAFエリアを切り替えることができる。

4 トラッキングON／OFFを切り替える

トラッキング（→P.46）も合わせてカスタマイズするとよいだろう。トラッキングは生きもののような被写体の動きが速いとき、また、子どものような動きが予測できない場合に有効な機能だ。事前にトラッキングのON／OFFをマルチコントローラーに割り当てておくことで、接眼したまま被写体の移動やトラッキングの開始／停止を切り替えることができる。

［設定方法］

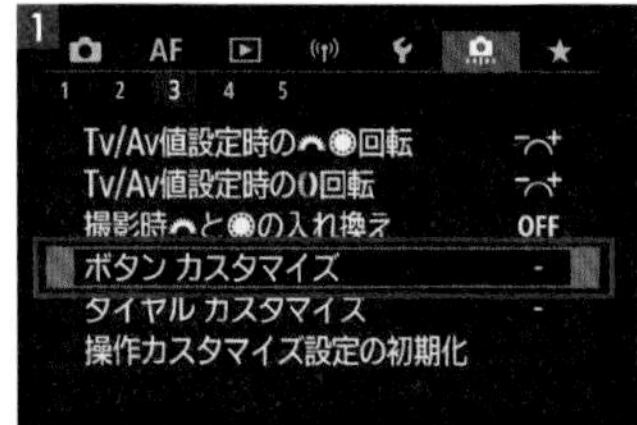

MENUボタンを押し、「3」から「ボタンカスタマイズ」を選択してSETボタンを押す。

マルチコントローラーを選択する。

「AFフレームダイレクト選択」を選択し、INFOボタンを押す。

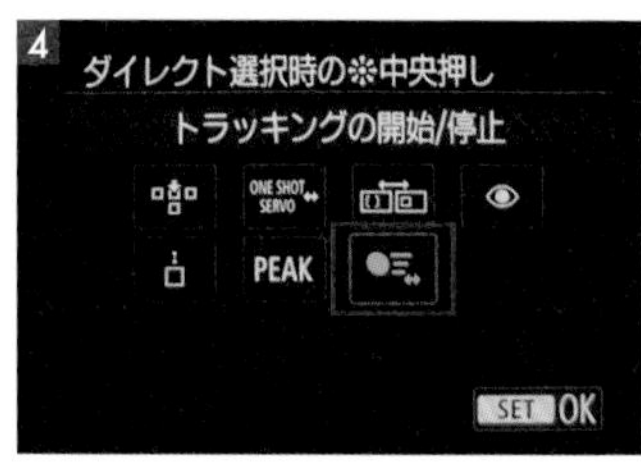

「トラッキングの開始／停止」を選択するとマルチコントローラーに割り当てられる。

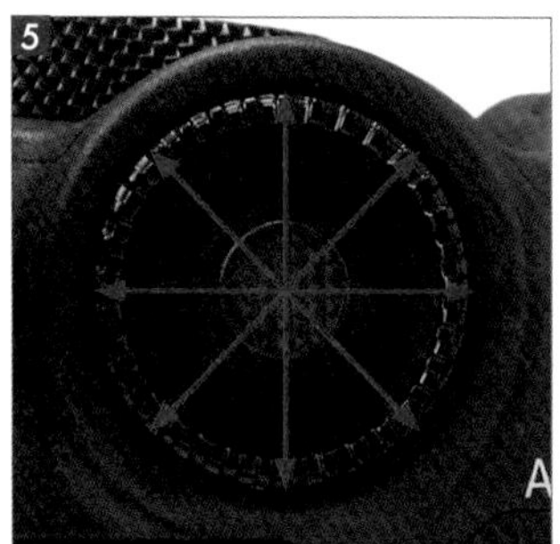

被写体にマルチコントローラーでAFフレームを合わせ、そのまま押し込むとトラッキングがスタートする。

SECTION 02

ISO感度のカスタマイズ

KEYWORD ››› ISO感度 ▶ ダイヤルカスタマイズ ▶ コントロールリング

1 ISO感度の設定ステップ数を変更する

初期設定ではISO感度の変更は1/3段ずつ行っていくが、これを1段ずつに変更可能だ。露出補正と同じ感覚でISO感度を変更する場合は1/3段ずつが便利だが、単にISO感度を変えるだけならばISO100、200、400と1段ずつ変更している人も多いのではないだろうか。後者の場合、1段ずつで調整したほうが撮影はよりスムーズになる。なお、ステップ数を1段に設定してもISOオート時は1/3段ずつに自動設定されるので注意したい。

[設定方法]

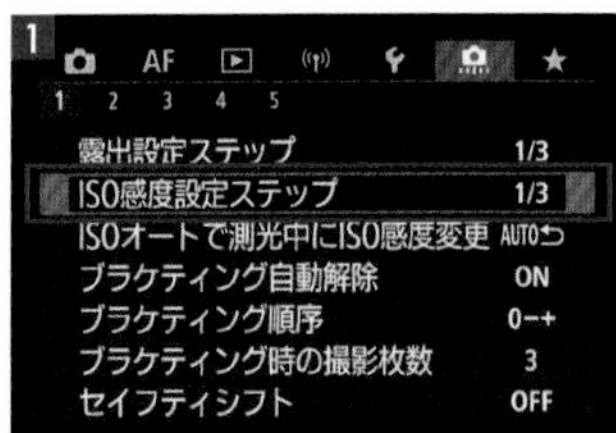

MENUボタンを押し、「1」から「ISO感度設定ステップ」を選択してSETボタンを押す。

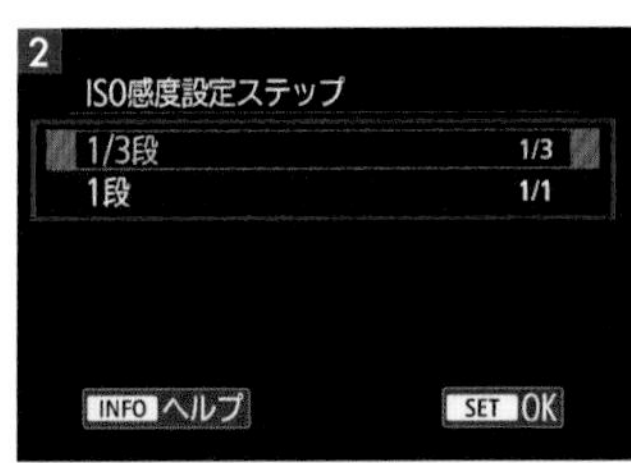

「1段」か「1/3段」が選択できるため、自分に合ったステップ数を選択する。

DATA
レンズ RF-S18-45mmF4.5-6.3 IS STM
モード シャッター優先AE
焦点距離 18mm
絞り F5
シャッター 1/10秒
ISO 800
WB 白色蛍光灯
露出補正 -0.3

ISO感度のステップ数を1段ずつに変更し、こまめにISO感度を変えながら手持ち撮影した。こうした暗所ではISO感度は大きなステップ幅で変更することも多い。1段ずつ変更できたほうが設定に時間をかけず、直感的に撮れる。

2 コントロールリングにISO感度を割り当てる

コントロールリング搭載のRFレンズの場合、特定機能をこのコントロールリングに割り当てることができる。撮影スタイルや被写体に応じて、好みの機能を割り当ててみよう。例えば、ISO感度をここに設定するならば、街中スナップが最適だ。街中は屋外や室内で露出が頻繁に変化しやすい。ISO感度を割り当てることで、瞬時に環境に対応しながら最適なISO感度が設定できる。

［設定方法］

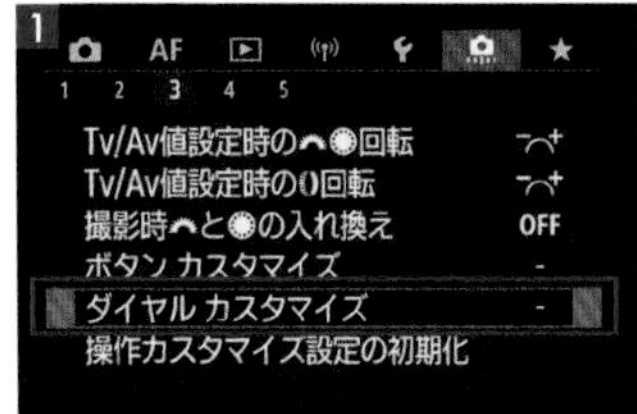

MENUボタンを押し、「3」から「ダイヤルカスタマイズ」を選択してSETボタンを押す。

割り当てるダイヤルは「コントロールリング」を選択する。

「ISO感度」を選択し、SETボタンを押す。

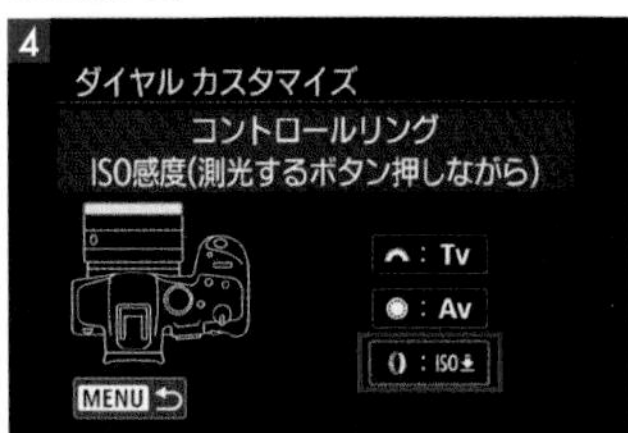

ダイヤルカスタマイズの画面に戻ると、「ISO感度」がダイヤルに割り当てられる。

DATA
レンズ
RF24mm F1.8 MACRO IS STM
モード 絞り優先AE
焦点距離 24mm
絞り F1.8
シャッター 1/160秒
ISO 800
WB 太陽光
露出補正 +1

街中スナップでは晴天時は低感度を、この作例のような日の入らない暗所では高感度を利用するなど、環境に合わせてISO感度を変更することが多い。ISO感度をコントロールリングに割り当てておけば、スムーズな操作で流動的な露出変化に対応できる。

SECTION 03

カスタム撮影モード

KEYWORD ››› カスタム撮影モード

1 カスタム撮影モードを知る

設定した撮影機能やメニュー機能、カスタム機能など、現在カメラに設定されている内容は、カスタム撮影モードに一括登録できる。利用頻度の高い組み合わせを必要な場面で呼び出し、再度同じ設定値で撮影できるのだ。ポートレート用、スポーツ用など、自分の撮影スタイルに合わせて登録してみよう。EOS R7ではC1～C3までの3スタイルが、静止画撮影時、動画撮影時のそれぞれで登録可能となっている。

DATA
レンズ RF100-400mm F5.6-8 IS USM
モード シャッター優先AE
焦点距離 200mm
絞り F8
シャッター 1/1250秒
ISO 320
WB 太陽光

動く被写体用に登録したカスタム撮影モードを利用。AF方式をサーボAF、検出する被写体を「乗り物優先」、AFエリアを「領域拡大」に設定し、高速シャッターで撮影した。AF機能は設定項目が細かく、カスタム撮影モードを使えば、それぞれをパッケージにして呼び出せて重宝する。

［ 設定方法 ］

モードダイヤルを回して、「C1」「C2」「C3」のいずれかにする。

画面にモードが表示されたら、SETボタンを押す。

2 カスタム撮影モードを設定する

カスタム撮影モードを設定するときは、まずはモードダイヤルで基準となる撮影モードを設定しよう。その後、目的に合わせたいろいろな設定を行っていくとよい。カスタムモードは3つまで登録ができるため、自分がよく撮るシーンや被写体から選択するとよいだろう。

［ 設定方法 ］

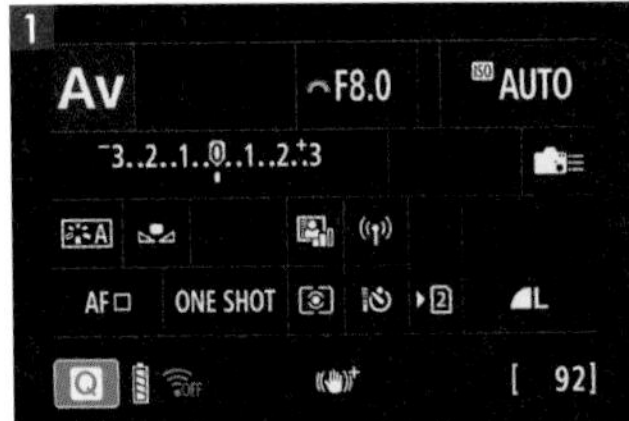

始めにカスタム撮影モードに登録したい撮影の設定を行う。

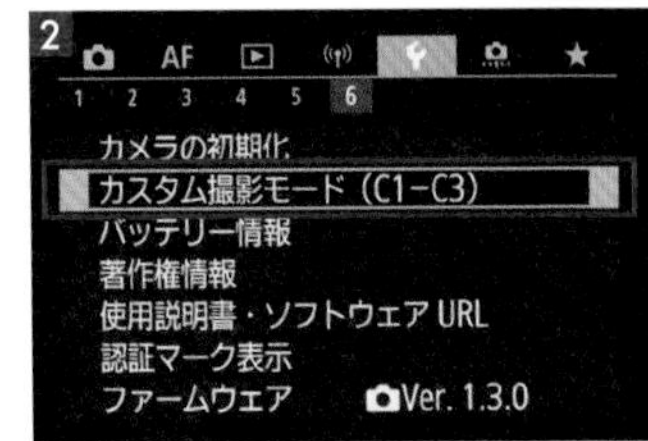

MENUボタンを押し、「6」から「カスタム撮影モード（C1-C3）」を選択してSETボタンを押す。

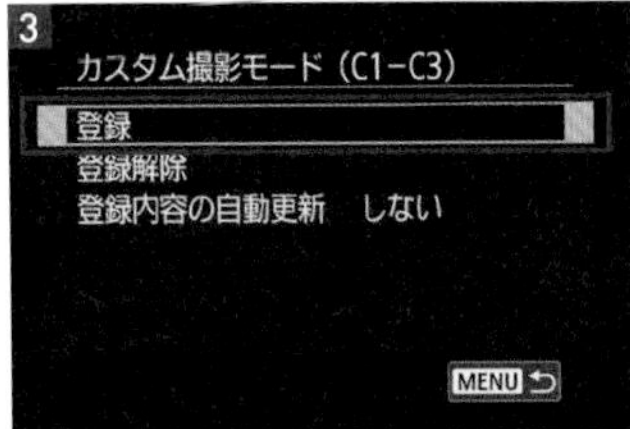

「登録」を選択してSETボタンを押す。

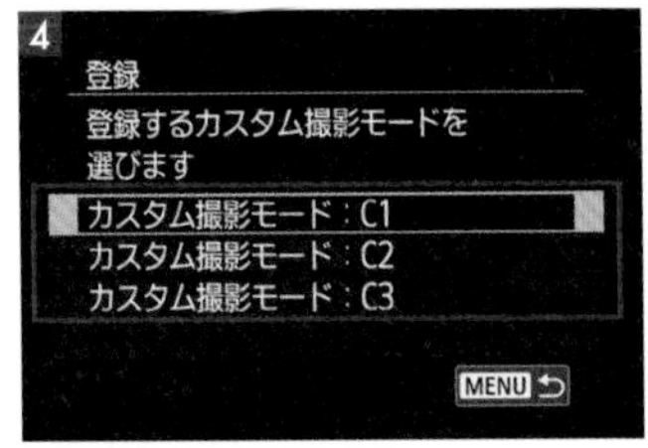

登録するカスタム撮影モードをC1-C3から選択する。

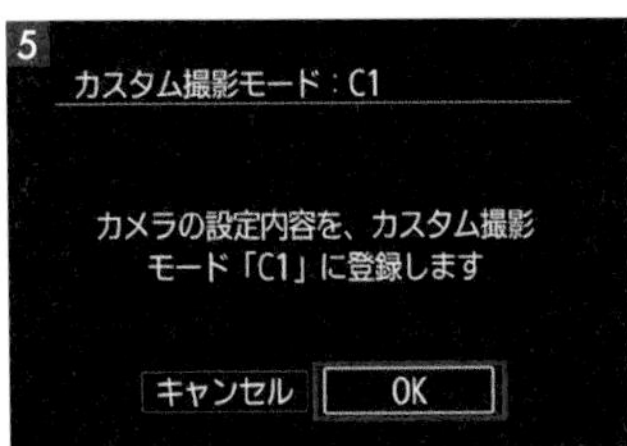

「OK」を選択してSETボタンを押す。

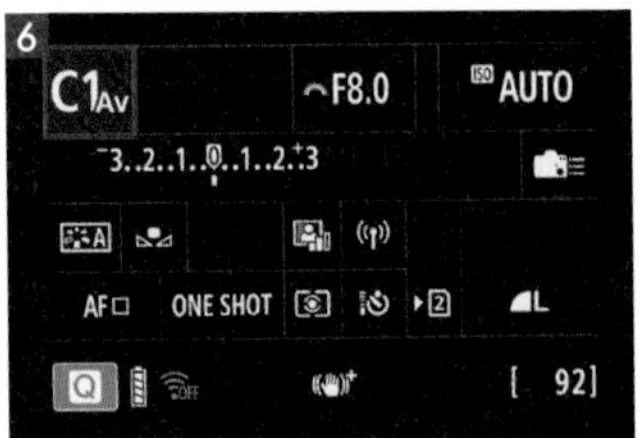

設定したカスタムモードを選択すると、登録した設定に切り替わる。

3 カスタム撮影モードの削除

いろいろなカスタム撮影モードを試していく中で、新しい設定を試したくなることもあるだろう。ただし、カスタム撮影モードは3つしか登録ができないため、新しい設定を行う場合は既存の設定を削除する必要がある。設定自体の削除は簡単に行えるため、誤ってお気に入りの設定を削除しないように必ず確認してから削除するようにしよう。

［設定方法］

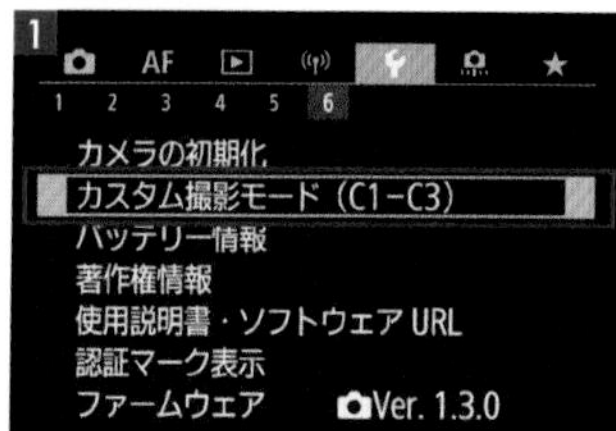

MENUボタンを押し、「6」から「カスタム撮影モード（C1-C3）」を選択してSETボタンを押す。

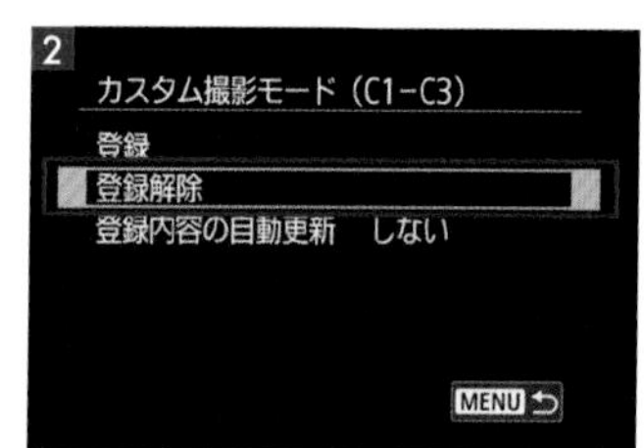

「登録解除」を選択してSETボタンを押す。

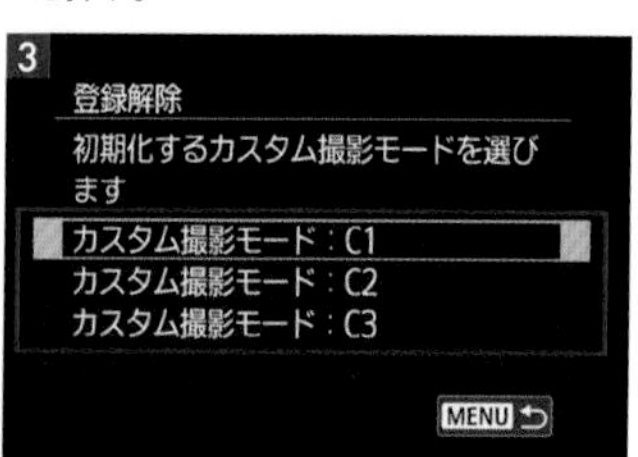

初期化したいカスタム撮影モード選択してSETボタンを押す。

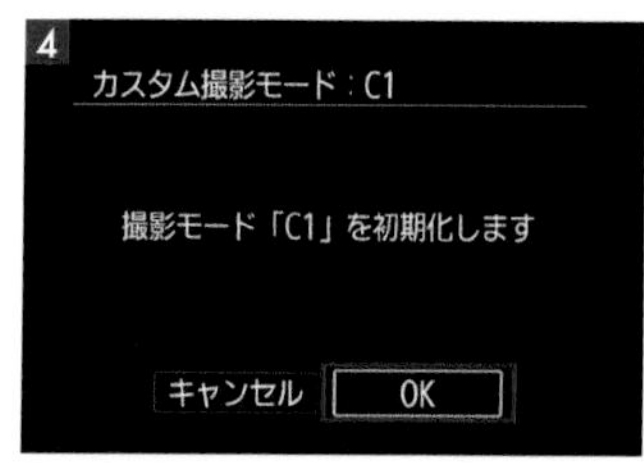

「OK」を選択してSETボタンを押す。

カスタム撮影モードが便利な場面

カスタム撮影モードは鳥や動物など、1から設定しているとシャッターチャンスを逃しそうな場面では重宝する機能だが、それ以外にも、暗くてカメラの操作がしづらいシーンでも便利だ。夜景撮影用にカスタム撮影モードを登録しておくだけで、暗い場所で複雑な設定変更を行ったり、細かいボタン、ダイヤル操作を行う手間が省けて、スピーディーに撮影を実行できるようになる。

4 登録内容の自動更新を設定する

カスタム撮影モードを使って撮影していると、その時々に応じて絞り数値やシャッタースピードなどの設定を細かく変更して撮影することがあるだろう。その際は、登録をしておいたカスタム撮影モードの設定を、設定変更した状態で保存するか、電源オフ・ほかの撮影モードに切り替えた際に、登録したときの状態を残すかを選択することができる。設定を常に更新したい場合は、「登録内容の自動更新」で「する」を選択し、更新せずに設定を維持したい場合は、「登録内容の自動更新」で「しない」を選択するとよい。自分好みのカスタム撮影モードを模索しているときは、自動更新を設定してみるのがよい。

［ 設定方法 ］

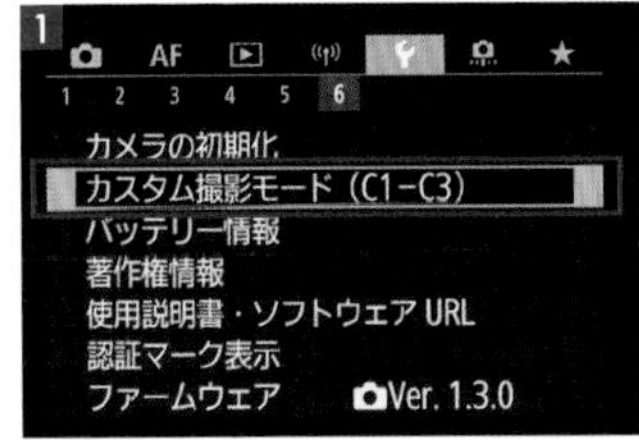

MENUボタンを押し、「🔧6」から「カスタム撮影モード（C1-C3）」を選択してSETボタンを押す。

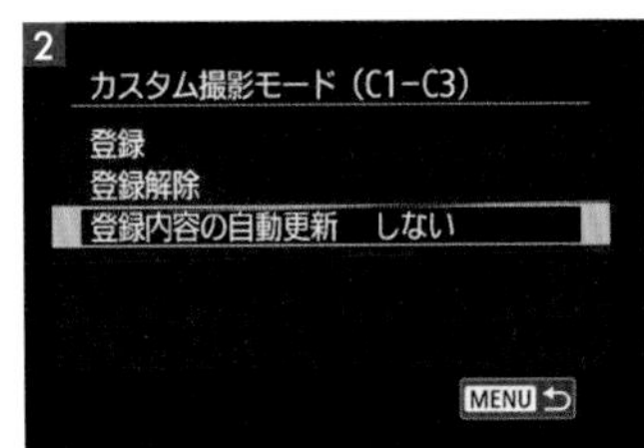

「登録内容の自動更新」を選択してSETボタンを押す。

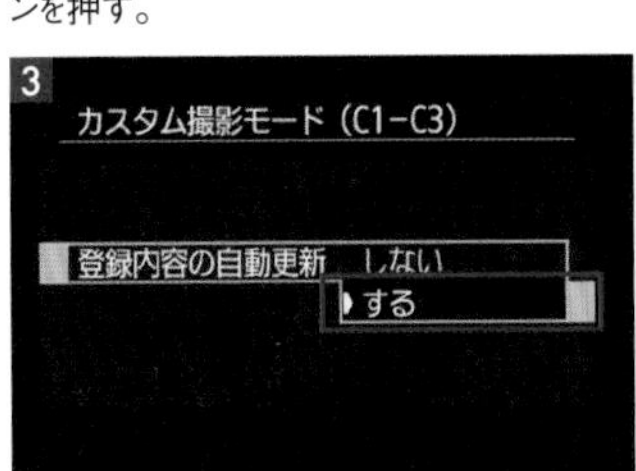

設定を更新したい場合は「する」を選択してSETボタンを押す。

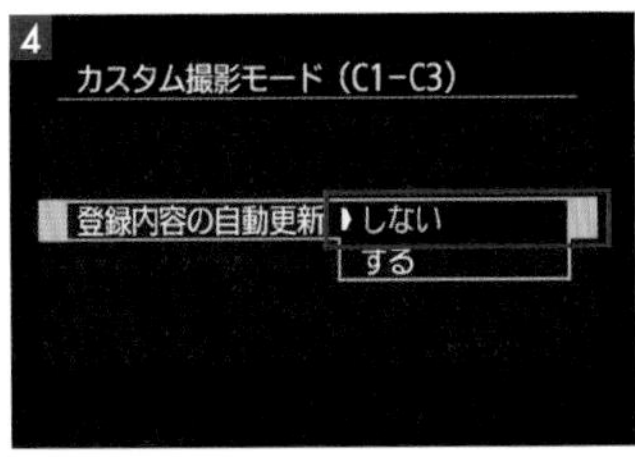

設定を維持したい場合は「しない」を選択してSETボタンを押す。

SECTION 04 モニター／ファインダーのカスタマイズ

KEYWORD ››› 情報表示▶モニター▶ファインダー

1 情報表示を整理する

撮影の際、ファインダーやモニターにはさまざまな情報を表示させることができるが、表示される情報量によっては撮影時に被写体が見づらくなってしまう可能性がある。そのような事態を防ぐためにも、必要な情報だけを画面内に残すとよい。ファインダーとモニターの表示レイアウトは数種類の中から選べるため、自分の撮影スタイルに合った表示を選択しよう。

［ 設定方法 ］

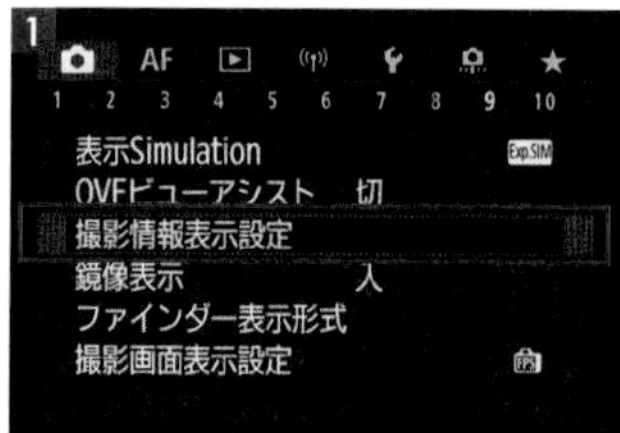

MENUボタンを押し、「📷9」から「撮影情報表示設定」を選択してSETボタンを押す。

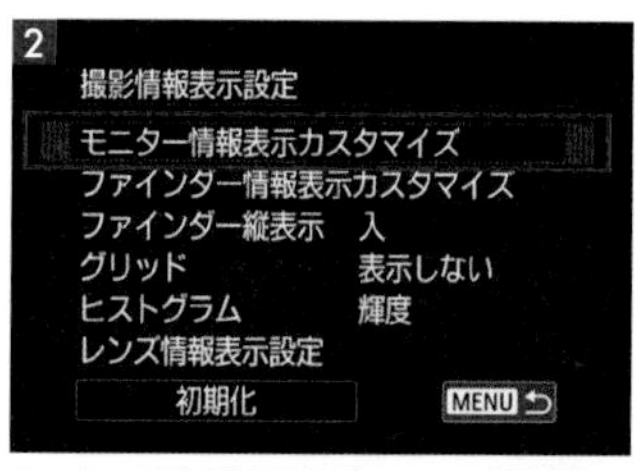

モニターの表示変更は「モニター情報表示カスタマイズ」から、ファインダーの表示変更は「ファインダー情報表示カスタマイズ」から行う。

「モニター情報表示カスタマイズ」では撮影待機画面で、INFOボタンで表示を切り替えられるレイアウトにチェックがついているので、必要なものにだけチェックを入れ、「OK」を選択して、SETボタンを押す。

「ファインダー情報表示カスタマイズ」ではファインダーで、INFOボタンで表示を切り替えられるレイアウトにチェックがついているので、必要なものにだけチェックを入れ「OK」を選択して、SETボタンを押す。

2 ファインダーの明るさを調整する

ファインダーから見える映像は、初期設定では「自動」に設定されていて、周囲の明るさに応じた調整をカメラ側が自動で行ってくれるのだが、これは環境によって見づらいときがある。こんなときは手動で自分が見やすい最適な明るさに調整してみよう。なお、モニターの明るさも調整可能で、5段階から手動で変更できる。初期値は「3」で、自動設定の項目は設けられていない。

［ 設定方法 ］

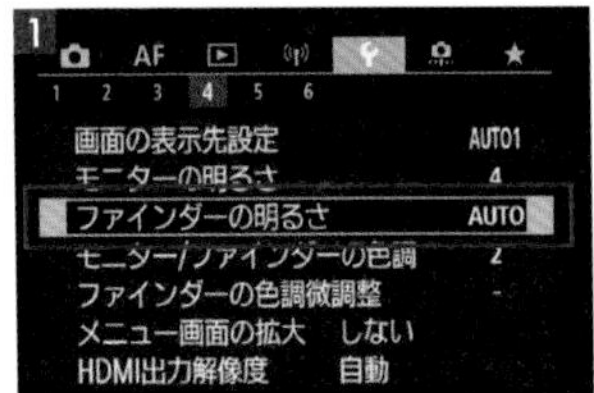

MENUボタンを押し、「4」から「ファインダーの明るさ」を選択してSETボタンを押す。

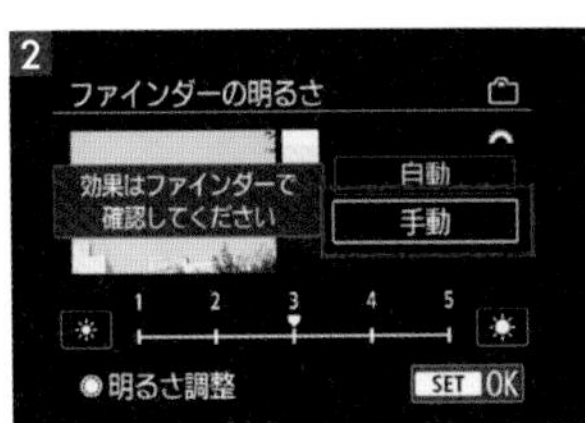

「手動」を選択し、電子ダイヤルを回して明るさを調整する。

【自動】

【手動 4】

DATA
レンズ RF24mm F1.8 MACRO IS STM
モード 絞り優先AE
焦点距離 24mm
絞り F2.5
シャッター 1/8000秒
ISO 400
WB 太陽光
露出補正 +0.3

晴天下の海辺など、極端に明るいシーンでは背面モニターよりもファインダーから見たほうが像は正確な明るさで確認しやすい。この場合、手動で調整すると、明るさもさらに正確に導き出しやすくなる。なお、ファインダーやモニターで見ている映像と実際の写真の明るさに差がある場合は、この機能が意図せず誤って調整されている可能性もあるのでチェックしてみよう。

SECTION 05

シーンに合わせたカスタマイズ

KEYWORD ▸▸▸ 風景▶ポートレート▶夜景▶動物▶スポーツ▶乗り物

1 風景写真を撮るときのカスタマイズ

EOS R7は多機能でさまざまな被写体に対応できるが、どんな組み合わせで撮るべきか、迷うこともあるかもしれない。ここでは撮影シーンごとにおすすめのカメラ設定やカスタマイズを紹介しよう。まず風景写真においては、美しく高精細に撮りたいシーンが多い。ISO感度は可能な限り低感度にし、色鮮やかに表現したければピクチャースタイルを「風景」にしてみよう。撮影モードは滝や河川などを撮るときはTvモードで、そうでなければAvやPモードで絞り数値を決めて撮るのがおすすめだ。また、風景撮影は三脚も重宝する。低感度に起因する低速シャッターにも対応し、構図も吟味できる。また、リモートスイッチや2秒タイマーもうまく併用できれば、手ブレも防げる。

DATA ▶ レンズ RF-S18-150mm F3.5-6.3 IS STM　モード シャッター優先AE　焦点距離 18mm
絞り F8　シャッター 0.3秒　ISO 100　WB 太陽光　露出補正 +0.3

水流をぶらすシーンでは、Tvモードでシャッタースピードを自分好みに変更しよう。新緑の鮮やかな緑はピクチャースタイル「風景」でコントラストと彩度を少し高めに設定するのがポイントだ。三脚を使ってしっかり構図を決め、手ブレしないように低速撮影した。

2 ポートレートを撮るときのカスタマイズ

ポートレートは表情が大事。まず、検出する被写体を「人物」に、瞳検出は有効にする。AF動作はサーボAFにすると前後の動きにも対応できる。ピクチャースタイルは「ポートレート」にすると肌の色調がキレイに出る。親指AFも有効にすると、軽快にシャッターチャンスが狙える。また、ポートレートは背景をぼかして撮ることが多い。撮影モードはAvを基本に、動きのあるシーンも撮るならばFvを活用してみよう。

DATA レンズ RF24mm F1.8 MACRO IS STM モード 絞り優先AE 焦点距離 24mm 絞り F2.8 シャッター 1/320秒 ISO 100 WB オート(雰囲気優先) 露出補正 +1

髪が風でなびき、瞳がその都度隠れたが、しっかり瞳や顔にピントを合わせ続けることができた。サーボAFを使い、前後に寄り引きし、動きながら撮影している。ここでは透明感を演出するため、プラスに補正した。肌の質感を表現するのに露出補正も大きな役割を果たす。

DATA レンズ RF24mm F1.8 MACRO IS STM モード 絞り優先AE 焦点距離 24mm 絞り F1.8 シャッター 1/400秒 ISO 100 WB オート(雰囲気優先) 露出補正 +0.7

手前にぼかした植物を入れ、背景ボケとともに撮影した。前後ボケによって人物の表情がより浮き上がり、印象的に見えている。ポートレートは被写界深度を浅くすることが多いが、検出する被写体と瞳検出をしっかり設定していれば、ピント合わせで失敗することはない。

3 夜景写真を撮るときのカスタマイズ

夜景は三脚を使い、低感度で高精細に撮る画作りと、高感度を用い、手持ちで軽快にスナップしていく画作りの2つがある。動く被写体はぶらして入れ込むと、動感が出てアクセントになる。ホワイトバランスやピクチャースタイルもシーンや光源に応じて変えることで、さまざまな表現が試せる。なお夜景はノイズが出やすいため、長秒時露光のノイズ低減や高感度撮影時のノイズ低減もうまく適用したい。

DATA レンズ RF-S18-45mm F4.5-6.3 IS STM　モード マニュアル　焦点距離 18mm
絞り F16　シャッター 30秒　ISO 100　WB 白熱電球

三脚を使い、しっかり構図を決め、30秒の低速シャッターで高架下の風景を撮影。この作例では、行き交う車のライトで光跡を作りアクセントにした。ホワイトバランスを「白熱電球」、ピクチャースタイルを「風景」にして、全体的にクールでメリハリのある描写を目指している。

DATA レンズ RF-S18-45mm F4.5-6.3 IS STM　モード シャッター優先AE　焦点距離 18mm
絞り F5　シャッター 1/10秒　ISO 5000　WB 白色蛍光灯　露出補正 -0.3

ISO感度を5000まで上げ、あえてざらついた質感で街夜景を手持ちスナップした。また、ホワイトバランスを調整することで、赤みの強い色合いに仕上げている。なお、夜景で空を入れ込む場合、日暮れ直後がおすすめだ。青みを残す空を、一緒に写し込んでみよう。

4 動物の写真を撮るときのカスタマイズ

犬や猫、鳥などの動物を撮るときは、ピント合わせの精度を上げよう。検出する被写体は「動物優先」をセットし、AF動作はサーボAFにして、被写体追尾（トラッキング）を有効にしよう。動きが予測しづらい動物も、これで撮影しやすくなる。撮影モードは被写体がぶれないように、Tvで高速シャッターを選び、ISO感度はオートがおすすめだ。連写機能を組み合わせるとシャッターチャンスにも強くなる。

DATA レンズ RF100-400mm F5.6-8 IS USM　モード シャッター優先AE　焦点距離 370mm　絞り F8　シャッター 1/400秒　ISO 640　WB オート（雰囲気優先）

望遠レンズで野鳥を撮影。瞳検出も有効にしておくと、顔が見える状態の動物の場合は、ピントを瞳にしっかり合わせて撮れる。野鳥などはシャッター音で逃げてしまう場合もあるため、サイレントシャッター機能もうまく活用しよう。また、親指AFも効果的だ。

DATA レンズ RF100-400mm F5.6-8 IS USM　モード シャッター優先AE　焦点距離 400mm　絞り F9　シャッター 1/1250秒　ISO 1250　WB 太陽光　露出補正 +0.3

検出する被写体の「動物優先」は、昆虫の撮影でも一定の効果がある。AFの設定は動物と同じ。ただ、動きがかなり素早いため動く様子を撮る場合は、1/1000秒以上の高速が必要になる。なお、飛び立つ瞬間の動物や昆虫を撮りたければ、RAWバーストモードもかなり有効だ。

5 スポーツ写真を撮るときのカスタマイズ

スポーツは動き方のパターンや速さがそれぞれ異なるため、高速シャッターでサーボAFを使い、内容に応じてサーボAF特性を変えてみよう。検出する被写体は「人物」でよいが、モータースポーツの場合は「乗り物優先」を選ぼう。被写体追尾(トラッキング)も有効だが、思い通りに追尾しない場合は、トラッキングをOFFにし、全域AFとタッチ&ドラッグAFでピント合わせを行うのも1つの手だ。

DATA レンズ RF-S18-150mm F3.5-6.3 IS STM モード シャッター優先AE 焦点距離 150mm 絞り F8 シャッター 1/320秒 ISO 1600 WB 太陽光 露出補正 -0.3

動きが予想しづらく、ほかにもさまざまな選手が入り込むような場面。急な動きの変化にも対応できるように、サーボAF特性をCase4に設定し、高速連続撮影でボールを蹴る決定的瞬間を高速シャッターで狙った。スポーツも連写機能が必須のため、後でベストショットを選ぼう。

DATA レンズ RF-S18-150mm F3.5-6.3 IS STM モード シャッター優先AE 焦点距離 64mm 絞り F6.3 シャッター 1/500秒 ISO 4000 WB 太陽光 露出補正 +0.7

子どももスポーツと同じカスタマイズで撮影に臨むのがおすすめだ。動きの少ないシーンもあるが、動き回る様子を追いかけていることのほうが遥かに多い。一方で、子どもの撮影では表情もしっかり狙いたい。検出する被写体は「人物」にし、瞳検出も有効にしよう。

6 乗り物写真を撮るときのカスタマイズ

動きが予測しづらい動物やスポーツと異なり、乗り物は比較的規則的に動く被写体が多い。被写体追尾(トラッキング)も効果を発揮しやすく、電車などは置きピン(被写体が通過する位置に、あらかじめピントを置くこと)や親指AFでピント位置を固定して撮るのにも向いている。検出する被写体の「乗り物優先」は、主にモータースポーツに主眼を置いた機能だが、一般的な乗り物にも被写体検出の効果がある。

DATA レンズ RF100-400mm F5.6-8 IS USM モード シャッター優先AE 焦点距離 350mm 絞り F8 シャッター 1/1600秒 ISO 400 WB 太陽光 露出補正 -0.3

上空をかなり近い位置で飛ぶ飛行機を低速連続撮影で切り取った。乗り物も連写機能は必須。進み方に応じて、連写速度を選ぼう。被写体追尾(トラッキング)の効果で、たやすく飛行機にピントを合わせ続けることができた。ここでは、右に空間を作り、アクセントにした。

DATA レンズ RF-S18-45mm F4.5-6.3 IS STM モード シャッター優先AE 焦点距離 45mm 絞り F6.3 シャッター 1/1250秒 ISO 1000 WB 日陰 露出補正 -0.3

緩やかに構図を決め、AFエリアを「フレキシブルゾーンAF2」に設定。電車の進んでくる場所を予測し、ゾーンをそこに合わせた状態でサーボAFを使って撮影した。奥からかなりのスピードで進んでくるため、ドライブモードは高速連続撮影+を使っている。

Column

ファイル名と画像番号の変更

EOS R7では、画像のファイル名は初期設定で「IMG」から始める設定になっている。このファイル名は任意の英数字に変更することが可能だ。また、画像番号も初期設定では通し番号が適用されているが、リセットすることもできる。

[ファイル名の変更]

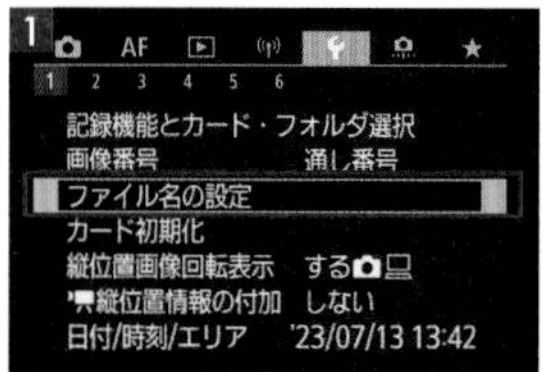

MENUボタンを押し、「🔧1」から「ファイル名の設定」を選択してSETボタンを押す。

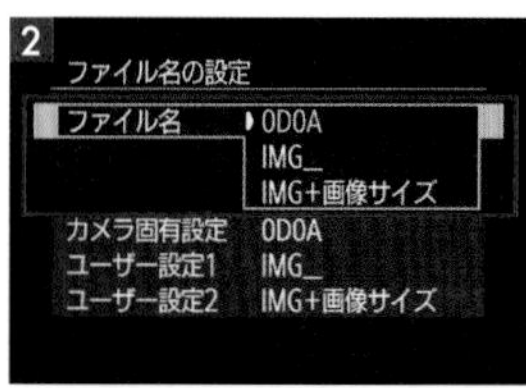

「ファイル名」から出荷時のカメラ固有の設定を変更することができる。

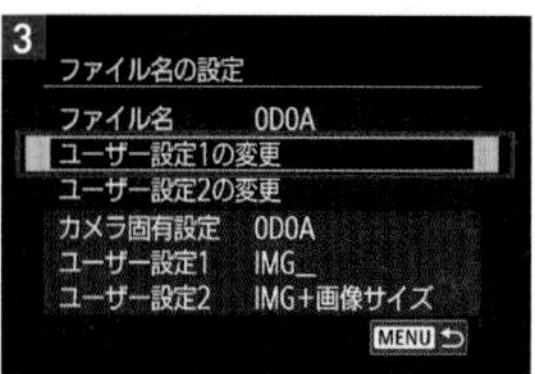

任意の英数字に変更したい場合は、「ユーザー設定1」を選択してSETボタンを押す。

入力画面に切り替わったら、任意の英数字を入力し、MENUボタンで決定する。

[画像番号のリセット]

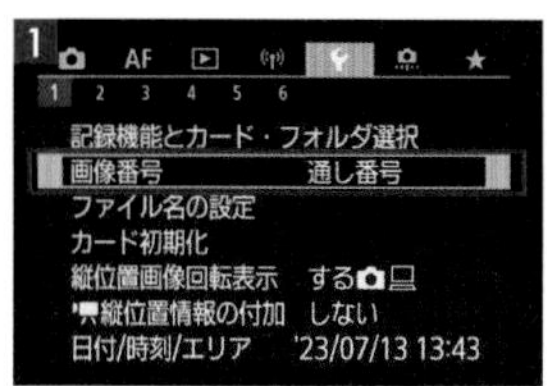

MENUボタンを押し、「🔧1」から「画像番号」を選択してSETボタンを押す。

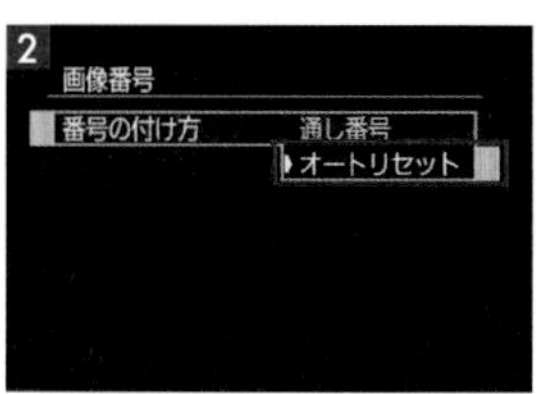

「番号の付け方」から「オートリセット」を選択してSETボタンを押す。

第7章

スマートフォン／パソコン連携

SECTION 01 スマートフォンと接続する

KEYWORD ››› スマートフォン▶Camera Connect▶Wi-Fi▶Bluetooth

1 Camera Connectをインストールする

EOS R7には無線通信機能があり、スマートフォンやタブレットと接続することが可能だ。接続には、iOS／Android端末向けのスマートフォン用アプリケーションCamera Connectのダウンロードが必要。Camera Connectを使うことで、EOS R7でリモート機能を使った撮影や画像の確認などができるようになる。リモートスイッチがないときや、写真をすぐにシェアしたいときに有効なアプリケーションだ。

[手順]

App Storeで❶「Camera Connect」を検索し、ダウンロードする。ダウンロード後に❷「開く」をタップする。

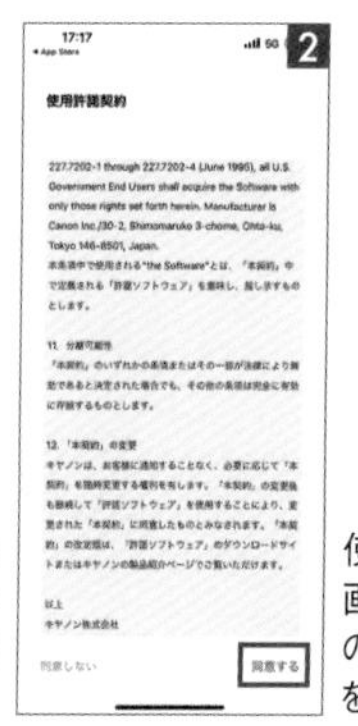

使用許諾契約の画面が表示されるので、「同意する」をタップする。

ホーム画面に切り替わったら左上のアイコンをタップし、カメラを登録する。

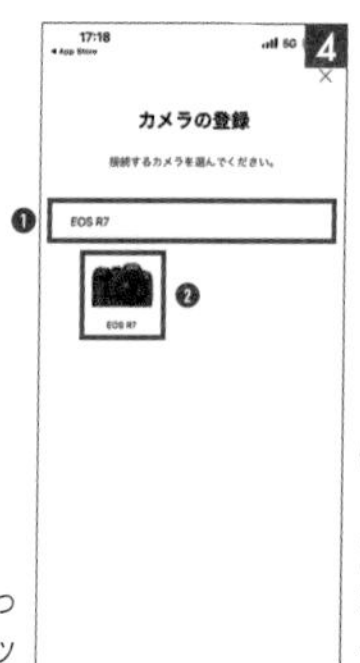

❶検索バーに「EOS R7」と入力するとカメラが表示され、❷タップするとカメラが登録される。

スマートフォン接続

2 スマートフォンと接続する

EOS R7とスマートフォンを接続する方法は、Bluetoothを使用する場合とWi-Fiの場合で2種類ある。Bluetoothは接続がとても簡単で、一度接続すると、スマートフォンの操作でカメラ内の画像を確認したり、画像をスマートフォンに保存したりすることが可能だ。

[Bluetoothでの接続方法]

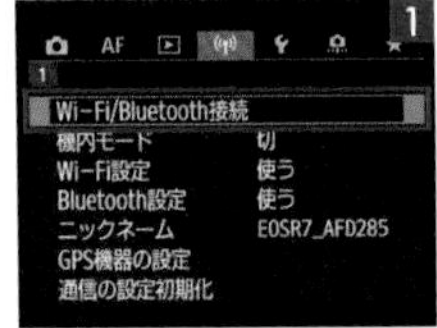

MENUボタンを押し、「((·))1」から「Wi-Fi/Bluetooth接続」を選択してSETボタンを押す。

「スマートフォンと通信」を選択してSETボタンを押す。

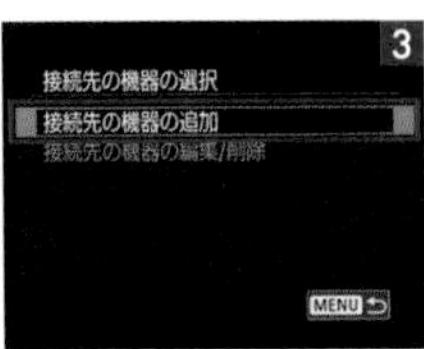

「接続先の機器の選択」から「接続先の機器の追加」を選択する。

QRコード表示画面が出る。ダウンロード済の場合は「表示しない」を選択する。

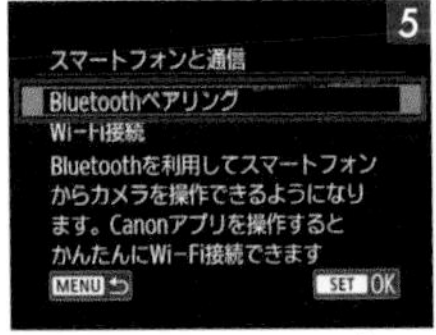

「スマートフォンと通信」から「Bluetoothペアリング」を選択する。

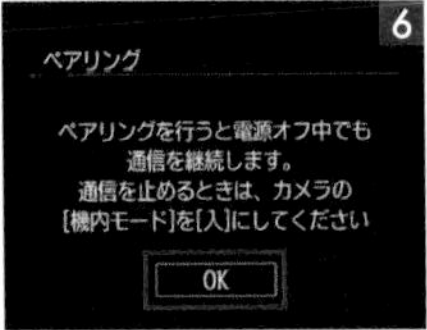

「ペアリング」の確認画面が表示されたら「OK」を選択する。

スマートフォンにカメラが検出されたらタップする。

スマートフォンで「Bluetoothペアリングの要求」から「ペアリング」をタップする。

「ペアリング」からスマートフォンとの接続を確認されるので「OK」を選択する。

SECTION 02 スマートフォンでリモート撮影する

KEYWORD ››› リモート撮影

1 スマートフォンでリモート撮影する

Bluetooth接続したスマートフォンで、手軽にリモート撮影をすることができる。カメラを三脚などで別の場所に設置していても、スマートフォンの画面を確認しながら撮影ができるため、集合写真で活躍する機能だ。また、スマートフォンでカメラをリモート操作して、撮影モードや絞り数値、シャッタースピードなどの設定を変更できる。

［ 撮影する ］

スマートフォンで「Camera Connect」を起動して「リモートライブビュー撮影」をタップする。

リモートライブビュー撮影画面がスマートフォンに表示される。

レリーズボタンをタップするとシャッターが切れ、写真を撮影できる。

【リモート撮影時の情報】

[画面表示]

❶ トップメニューに戻る
❷ 静止画・動画切り替え
❸ リモートライブビュー撮影の設定
❹ 画像記録可能枚数
❺ バッテリー残量
❻ フォーカス枠
❼ 撮影画像のサムネイル表示ボタン
❽ レリーズボタン
❾ フラッシュ切り替え
❿ 撮影設定ボタン

※画面表示は使用端末やOS、
アプリケーションのバージョンにより異なる。

2 画像をスマートフォンに転送する

Camera Connectを使えば、EOS R7で撮影した画像をスマートフォンに転送することができる。これにより、撮影した画像をすぐにSNSに投稿したり、メールで送ったりすることが可能だ。

[転送方法]

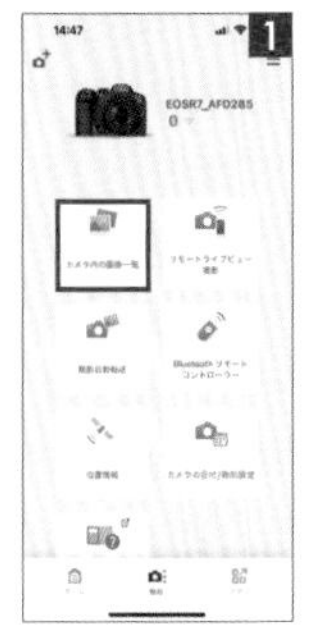

スマートフォンで「Camera Connect」を起動して「カメラ内の画像一覧」をタップする。

「カメラ内の画像一覧」から転送したい画像を選択してタップする。

「取り込み」のアイコンをタップすると保存形式が表示されスマートフォンに転送される。

SECTION 03 パソコンと接続する

KEYWORD ▸▸▸ EOS Utility

1 EOS Utilityをインストールする

EOS Utilityとは、カメラの設定変更や撮影した画像の転送、リモート撮影をパソコン上で操作できるCanonが提供している無料のソフトウェアだ。使用するためには、Canonのホームページからダウンロードしよう。Digital Photo Professional 4（→P.172）とも連携可能なので、パソコンで画像編集する場合はダウンロードしておくとよいだろう。

［ インストール手順 ］

1 QRコードからEOS Utilityのダウンロードページへと移動する。URL:https://canon.jp/support/software

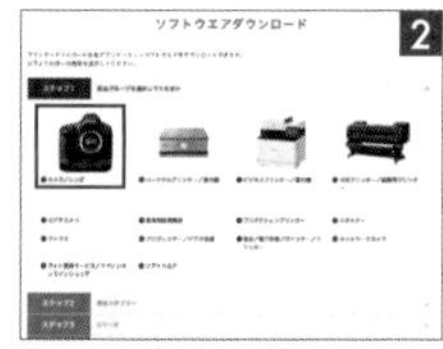

2 「ステップ1」から「カメラ/レンズ」を選択する。

3 「ステップ2」から「デジタル一眼レフカメラ/ミラーレスカメラ」を選択する。

4 「ステップ3」から「EOS Rシリーズ」を選択する。

5 「ステップ4」から「EOS R7」を選択する。

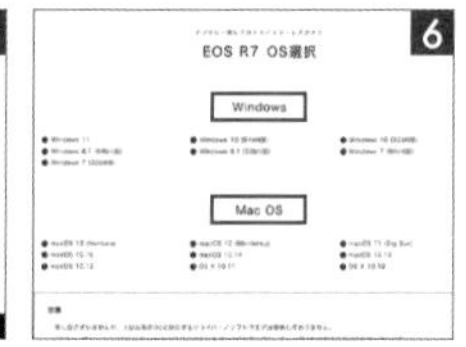

6 パソコンのOS別の画面が表示されるので、パソコンに対応するOSを選択する。

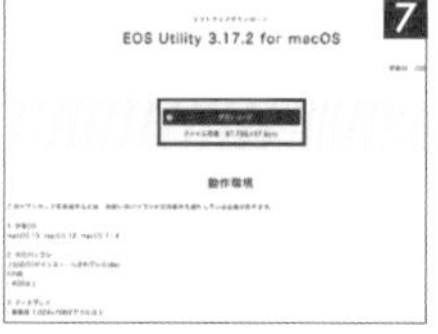

7 アプリケーション「EOS Utility」を選択するとダウンロード画面に切り替わる。

2 EOS Utilityを活用する

EOS Utilityをダウンロードしたら、早速活用してみよう。EOS Utilityのリモートライブビュー撮影は、パソコンの大きな画面を利用して被写体を確認しながら撮影することができるので、精密にピントが合わせられるメリットがある。また、画像の取り込みもできるので、撮影してすぐに画像編集を行うことも可能だ。EOS UtilityはWi-FiもしくはUSBケーブル（インターフェースケーブル）でカメラとパソコンを接続して使用しよう。

［ EOS Utilityの主な機能 ］

【EOS Utilityのメイン画面】
❶「画像をパソコンに取り込み」❷「リモート撮影」❸「カメラの設定」の項目からそれぞれの機能が使用可能。

【画像をパソコンに取り込み】
撮影したすべての画像の取り込みだけでなく、画像を選択して取り込むこともできる。

【リモート撮影】
パソコンの大きな画面を生かして緻密なピント合わせができる。ホワイトバランスなどの詳細な設定変更も可能だ。

【キャプチャー画面】
キャプチャー画面から、各種の設定や撮影を行うことができる。

SECTION

04 パソコンで画像編集する

KEYWORD ▸▸▸ 画像編集 ▶ Digital Photo Professional

1 Digital Photo Professional 4をインストールする

パソコンで画像編集を行いたいなら、Canonが無料で提供している画像編集ソフトウェアDigital Photo Professional（DPP）4がおすすめだ。DPPでは、RAW画像の閲覧·編集·現像ができる。画像編集はもちろんのこと、画像のレーティング機能などもあるため、お気に入りの写真を整理するときにも役立つソフトウェアだ。

［ インストール手順 ］

QRコードからDPPのダウンロードページへと移動する。
URL:https://cweb.canon.jp/eos/software/dpp4.html

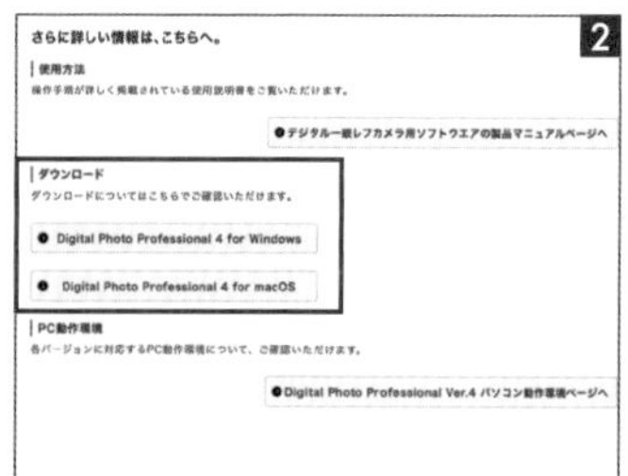

ダウンロードページ下部にパソコンのOS別の画面が表示されるので、パソコンに対応するOSを選択する。

ダウンロードをクリックする。ダウンロード後はシリアルナンバーの入力が求められるため、手元に用意しておこう。

合成ツールもうまく使おう

DPPでは1枚の画像の編集がメインになると思われるが、さまざまな合成ツールを搭載していることも覚えておこう。特に多重合成ツールやHDR合成ツール、深度合成ツールなどは、撮影後にじっくり効果を適用できて重宝する。選択は画面上の「ツールパレット」から行う。

2 Digital Photo Professional 4を使う

Digital Photo Professional 4では、RAW画像（→P.20）の編集がメインとなる。主に、明るさやホワイトバランスの基本的な調整から、ディテールやトーン、色の調整も可能だ。また、キヤノンの対象レンズで撮影した画像であれば、周辺光量や色収差なども調整できる。さらに、部分補正や画像内にあるゴミを消去する機能も備わっているため、作品をよりクオリティーの高いものに仕上げることができるだろう。

［ メイン画面 ］

❶ セレクト編集
❷ クイックチェック
❸ リモート撮影
❹ 印刷
❺ 保存
❻ フィルター／ソートパネル
❼ 画像
❽ サムネイルのサイズを変更
❾ サムネイルをファイル名なしで表示
❿ サムネイルを通常表示
⓫ サムネイルの情報表示
⓬ サムネイルのリスト表示
⓭ プロパティの表示設定
⓮ RAW·JPEGを1枚の画像で表示
⓯ 動画ファイル連続再生
⓰ 全サムネイル選択
⓱ 全サムネイル選択解除
⓲ チェックマーク
⓳ レーティング
⓴ 画像の回転
㉑ 画像送り

［ ツールパレット ］

❶ 基本調整
❷ ディテール調整
❸ トーン調整
❹ 色調整
❺ 設定
❻ レンズ補正
❼ トリミング／角度調整
❽ 部分調整
❾ ゴミ消し／コピースタンプ

SECTION 05 ファームウェアアップデート

KEYWORD ▸▸▸ ファームウェア

1 ファームウェアアップデートを確認する

新しいファームウェアが公開されると、Canonのホームページから無料でダウンロードすることができる。ファームウェアはEOS R7を最新の機能にアップデートしてくれるので、最新のものが出たらアップデートするようにしよう。ファームウェアのバージョンはMENUボタンを押し、📷6の「ファームウェア」から確認することができる。アップデートは、Camera Connectを使用する方法とメモリーカードを使用する方法、EOS Utilityを使用する方法の3つの方法がある。

[ダウンロードページ]

ファームウェアはキヤノンのホームページからダウンロードが可能。アップデートする際は、カメラのバッテリー残量に注意する。アップデート中に電源が切れると故障の原因にもつながるため、アップデート前にはバッテリーをフル充電にし、カメラ操作は行わないようにしよう。

[Camera Connect(スマートフォン)からのアップデート]

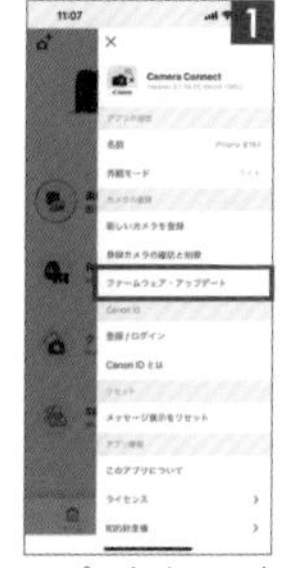

1 アプリ右上の3本線をタップし、「ファームウェア・アップデート」を選択する。

2 アップデートするカメラを選択してタップする。

3 ファームウェアのバージョンを確認してダウンロードをタップする。

4 ファームウェアがカメラ本体に転送されたら、カメラ側で「OK」を選択する。

ファームウェア

2 メモリーカードを使用してアップデートする

メモリーカードを使用してアップデートをする場合は、メモリーカードを初期化する必要があるため、メモリーカード内に残しておきたい画像があるときは必ずバックアップしておこう。

[設定方法]

メモリーカードを初期化(→P.19)して、パソコンからファームウェアのデータをコピーする。

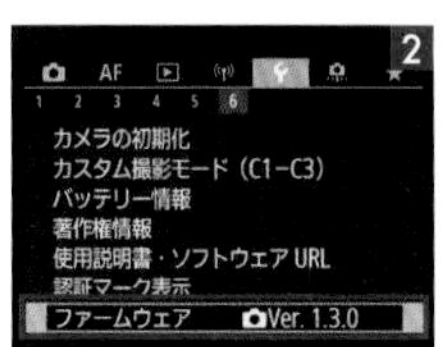

MENUボタンを押し、「6」から「ファームウェア」を選択してSETボタンを押す。

アップデートする「カメラ」「レンズ」の項目を選択してSETボタンを押す。

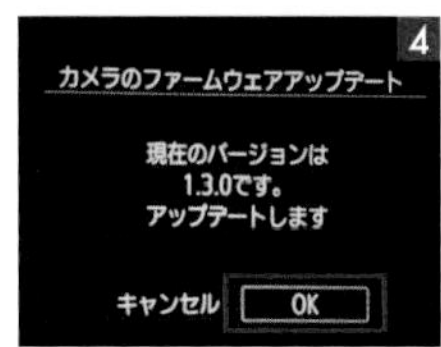

アップデート画面に切り替わったら、更新内容を確認してSETボタンを押す。

3 EOS Utilityを使用してアップデートする

EOS Utilityでも、ファームウェアのアップデートが可能だ。EOS Utilityのメイン画面の「カメラの設定」からアップデートを実施しよう。メモリーカードの初期化は必要ないが、バッテリー切れを防ぐため、フル充電にしておくとアップデート中も安心だ。

[設定方法]

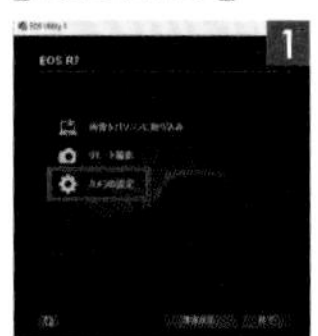

EOS Utilityを起動して、メニュー画面から「カメラの設定」を選択してクリックする。

「ファームウェアアップデート」をクリックしてアップデートのファイル先確認へと進む。

「ダウンロードファイルの選択」から保存してあるアップデートファイルを❶参照から選択して、❷「次へ」をクリックするとアップデートが始まる。

付録 メニュー画面一覧

:撮影

[1]

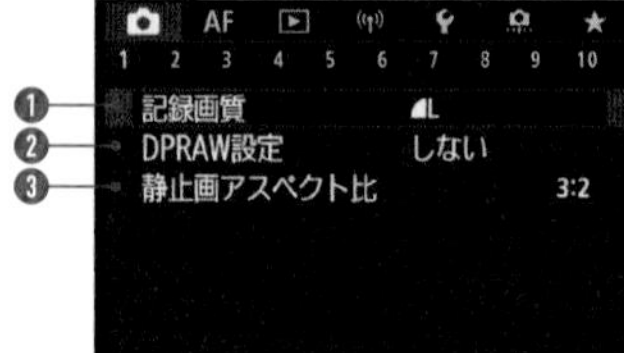

[2]

AF
1 2 3 4 5 6 7 8 9 10
❹ 露出補正/AEB設定 -3..2..1..0..1..2..+3
❺ ISO感度に関する設定
❻ HDR撮影 HDR PQ OFF
❼ HDRモード OFF
❽ オートライティングオプティマイザ
❾ 高輝度側・階調優先 OFF
❿ フリッカーレス撮影

❶ 記録画質	記録する画素数と画質を選ぶことができる。
❷ DPRAW設定	RAW画像を撮影したときに、DPRAW画像として記録することができる。
❸ 静止画アスペクト比	画像のアスペクト(縦横)比を変えて撮影することができる。「3:2」「4:3」「16:9」「1:1」から選択可能。
❹ 露出補正/AEB設定	1/3段ステップ±3段の範囲で、自動的にシャッタースピード、絞り数値、ISO感度を変えながら3枚の画像を撮影することができる。
❺ ISO感度に関する設定	ISO感度の範囲(下限値/上限値)やISOオート時の自動設定範囲、シャッタースピードの低速限界を設定することができる。
❻ HDR撮影 HDR PQ	撮影時と再生時に、HDR対応ディスプレイ表示時と印象が近づくように変換された画像がモニターに表示される機能。
❼ HDRモード	明暗差の大きいシーンで、白飛びや黒つぶれが緩和された、階調の広い写真を撮影できる機能。
❽ オートライティングオプティマイザ	撮影結果が暗いときや、コントラストが低い・高いときに、明るさ・コントラストを自動的に補正することができる。
❾ 高輝度側・階調優先	画像のハイライト部分の白飛びを緩和することができる。
❿ フリッカーレス撮影	光源の点滅(明滅)によるちらつき(フリッカー)によって生じる露出や色合いへの影響が少ないタイミングで撮影することができる。

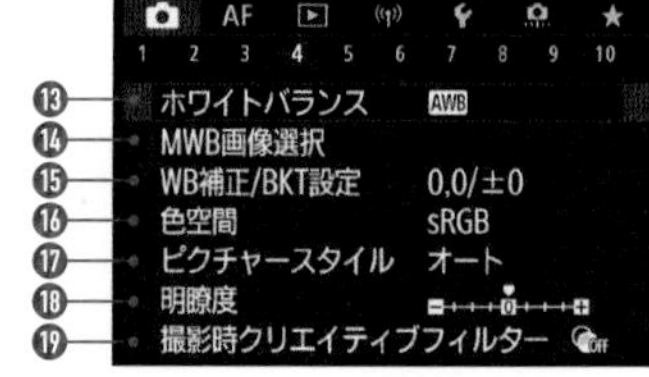

⓫ 外部ストロボ制御	ストロボに関する機能を設定することができる。
⓬ 測光モード	測光モード(被写体の明るさの測り方)を4種類の中から選ぶことができる。
⓭ ホワイトバランス	ホワイトバランスに関する設定を行うことができる。
⓮ MWB画像選択	マニュアルホワイトバランスに関する設定を行うことができる。

⑮ WB補正/BKT設定	設定しているホワイトバランスを補正することができる。
⑯ 色空間	再現できる色の範囲（色域特性）をさす色空間を「sRGB」「Adobe RGB」から選択することができる。
⑰ ピクチャースタイル	ピクチャースタイルの選択と設定をすることができる。
⑱ 明瞭度	画像エッジ部のコントラスト（明瞭度）を調整することができる。
⑲ 撮影時クリエイティブフィルター	撮影時のクリエイティブフィルターに関する項目を設定することができる。

[5]

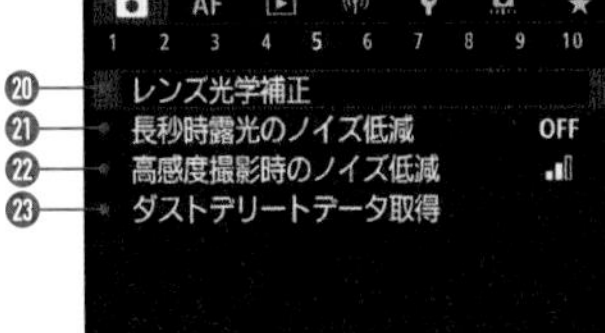

[6]

⑳ レンズ光学補正	レンズの光学特性によって、画像の四隅が暗くなったり、画像に歪みが生じたりするなどの現象を補正する機能。
㉑ 長秒時露光のノイズ低減	露光時間1秒以上で撮影した画像に対して、長秒時露光特有のノイズ（輝点、縞）を低減する機能。
㉒ 高感度撮影時のノイズ低減	高ISO感度で撮影した画像に発生するノイズを低減する機能。
㉓ ダストデリートデータ取得	センサークリーニングでゴミが除去しきれなかった場合に備えて、ゴミを消すための情報（ダストデリートデータ）を画像に付加することができる機能。
㉔ 多重露出	複数の画像（2〜9枚）を重ね合わせた写真を、画像の重なり具合を確認しながら撮影することができる機能。
㉕ RAWバーストモード	RAW画像を高速で連続撮影することができる機能。
㉖ フォーカスBKT撮影	フォーカスBKT撮影に関する設定をすることができる。

[7]

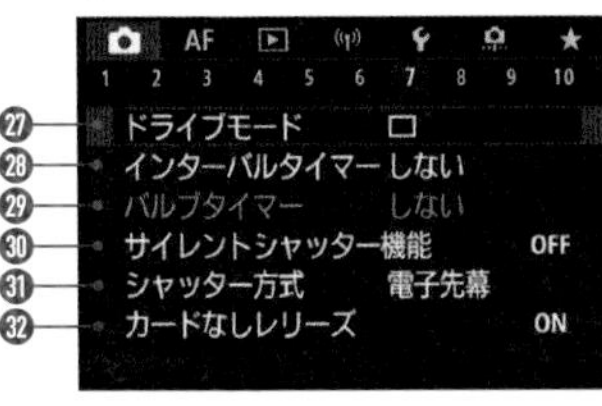

[8]

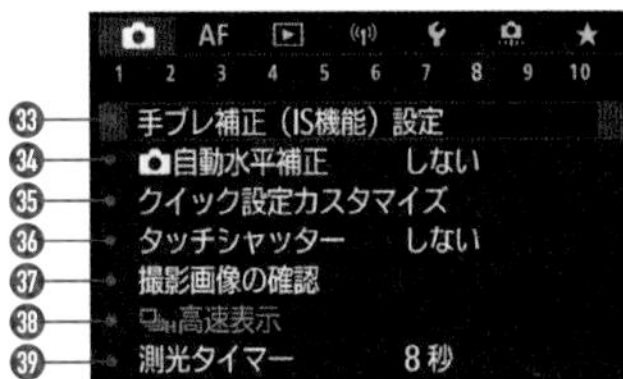

㉗ ドライブモード	ドライブモードに関する設定をすることができる。
㉘ インターバルタイマー	インターバルタイマーに関する設定をすることができる。
㉙ バルブタイマー	バルブ撮影時の露光時間をあらかじめ設定することができる。
㉚ サイレントシャッター機能	カメラのシャッター音や操作音とストロボなどの発光を禁止する機能。

31 シャッター方式	シャッター方式を「メカシャッター」「電子先幕」「電子シャッター」から選ぶことができる。
32 カードなしレリーズ	カードを入れていないときに、撮影を許可するかどうかを設定することができる。
33 手ブレ補正(IS機能)設定	カメラの手ブレ補正機能(IS機能)を使用して、静止画撮影時の手ブレを低減する機能。
34 📷自動水平補正	画像を水平に保つように補正する機能。
35 クイック設定カスタマイズ	クイック設定で表示する項目や並び順を設定することができる。
36 タッチシャッター	画面にタッチするだけで、ピント合わせから撮影まで自動で行うことができる機能。
37 撮影画像の確認	撮影直後に、撮影画像を表示したままにすることができる機能。
38 □_H 高速表示	電子シャッター以外のシャッター方式で、ドライブモードを「高速連続撮影」で撮影するときに撮影結果と映像を交互に表示する「高速表示」を設定することができる。
39 測光タイマー	シャッターボタンを半押ししたときなどに自動的に作動する「測光タイマー」の作動時間を設定することができる。

[📷9]

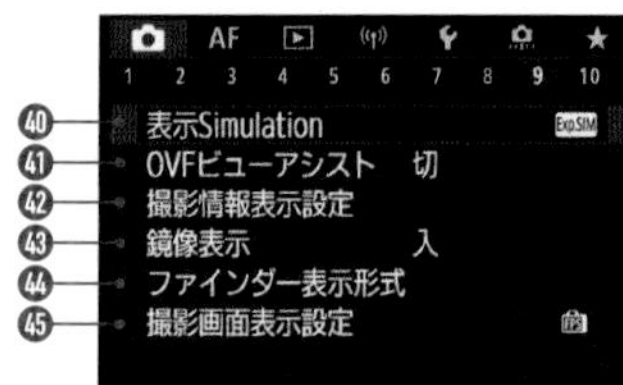

[📷10]

AF
1 2 3 4 5 6 7 8 9 10
46 動画記録サイズ FHD 29.97P IPB
47 録音 オート
48 ISO感度に関する設定
49 オートスローシャッター
50 自動水平補正 しない
51 動画撮影時シャッターボタンの機能

40 表示Simulation	表示Simulationに関する設定をすることができる。
41 OVFビューアシスト	静止画撮影時のファインダー、またはモニターの表示を、光学ファインダーのように自然な見え方の画像にすることができる機能。
42 撮影情報表示設定	撮影時にモニター、またはファインダーに表示する画面や情報などのカスタマイズを設定することができる。
43 鏡像表示	モニターを被写体側に向けて撮影を行う際に、映像を鏡像表示させることができる機能。
44 ファインダー表示形式	ファインダー内の表示に関する設定をすることができる。
45 撮影画面表示設定	静止画撮影時の撮影画面表示で、優先する項目を選択することができる。
46 動画記録サイズ	動画記録サイズに関する設定をすることができる。
47 録音	録画に関する設定をすることができる。
48 🎥 ISO感度に関する設定	動画撮影時のISO感度に関する設定をすることができる。
49 🎥 オートスローシャッター	暗い場所で動画撮影を行ったときに、シャッタースピードを自動的に遅くして、「しない」設定時よりも明るくノイズを抑えた映像を記録するかどうかを選択することができる。
50 🎥 自動水平補正	動画撮影時に画像を水平に保つように補正する機能。
51 動画撮影時シャッターボタンの機能	動画撮影時にシャッターボタンを半押し／全押ししたときの動作を設定することができる。

AF:オートフォーカス

[AF1]

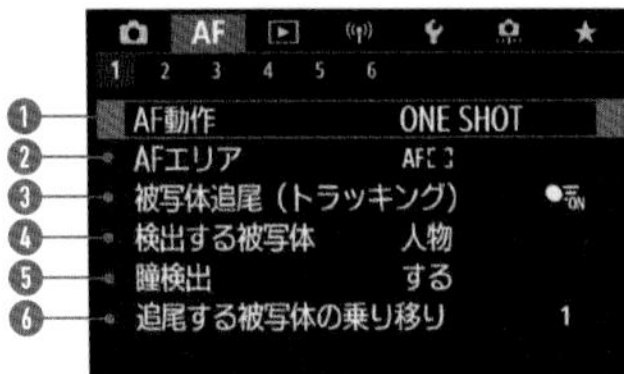

[AF2]

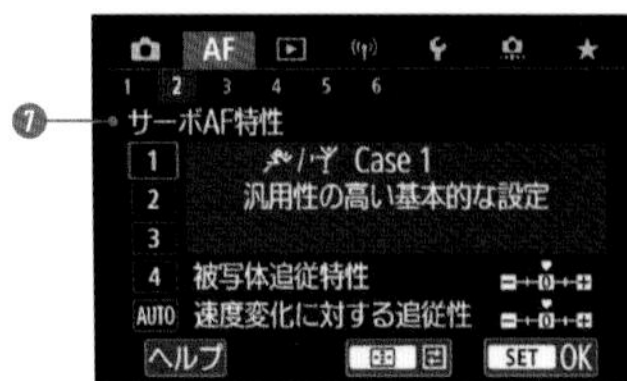

❶ AF動作	撮影状況や被写体に合わせて、AFを「ワンショットAF」か「サーボAF」から設定することができる。
❷ AFエリア	撮影状況や被写体に合わせて、AFエリアを「スポット1点AF」「1点AF」「領域拡大AF（上下左右）」「領域拡大AF（周囲）」「フレキシブルゾーンAF1」「フレキシブルゾーンAF2」「フレキシブルゾーンAF3」「全域AF」から設定することができる。
❸ 被写体追尾（トラッキング）	検出した被写体の中で、主被写体に追尾フレーム[ ]を表示して、被写体が動くと追尾フレームも動いて被写体を追尾させることができる。
❹ 検出する被写体	追尾による主被写体の自動選択条件を「人物」「動物優先」「乗り物優先」「なし」から設定することができる。
❺ 瞳検出	人の目、動物の目にピントが合うように設定することができる。
❻ 追尾する被写体の乗り移り	追尾する被写体への測距点の乗り移りやすさを「しない」「緩やか」「する」から設定することができる。
❼ サーボAF特性	被写体や撮影シーンに適したサーボAFを設定することができる。以下の5種類から選択できる。
Case 1: 汎用性の高い 基本的な設定	動きのある被写体全般に適応する、標準的な設定。
Case 2: 障害物が入るときや、 被写体がAFフレームから 外れやすいとき	障害物がAFフレームを横切ったときや、AFフレームが被写体から外れたときでも、できるだけ被写体にピントを合わせ続ける設定。
Case 3: 急に現れた被写体に 素早くピントを 合わせたいとき	AFフレームでとらえた、距離の異なる被写体に、次々にピントを合わせることができる設定。
Case 4: 被写体が急加速/急減速 するとき	被写体の動く速さが瞬時に大きく変化しても、その速度変化に追従してピントを合わせる設定。
Case A: 被写体の動きの変化に 応じて追従特性を自動で 切り換えたいとき	被写体追従特性、速度変化に対する追従性が自動設定される。

[AF3]

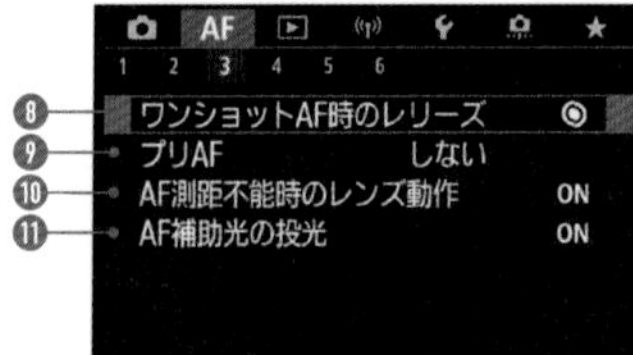

[AF4]

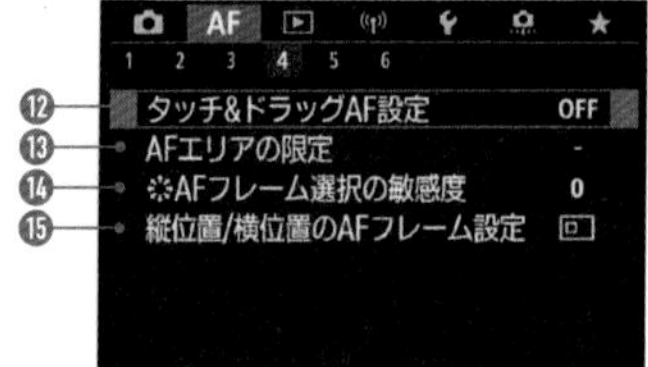

⑧ ワンショットAF時のレリーズ	ワンショットAFで撮影するときの、AFの作動特性とレリーズタイミングを設定することができる。
⑨ プリAF	常に被写体に対しておおまかにピントを合わせ続けることができる機能。
⑩ AF測距不能時のレンズ動作	AFでピントが合わせられなかったとき、レンズを駆動させてピント位置を探すことができる。
⑪ AF補助光の投光	AF補助光の投光を行うかどうかを設定することができる。
⑫ タッチ&ドラッグAF設定	画面をタッチ・ドラッグして、AFフレームを移動することができる機能。
⑬ AFエリアの限定	AFエリアの選択項目を、使用するAFエリアだけに限定することができる。
⑭ AFフレーム選択の敏感度	AFフレームの移動をマルチコントローラーで行う際の操作敏感度を設定することができる。
⑮ 縦位置/横位置のAFフレーム設定	縦位置撮影と横位置撮影で、AFエリア＋AFフレーム、またはAFフレームの位置を別々に設定することができる。

[AF5]

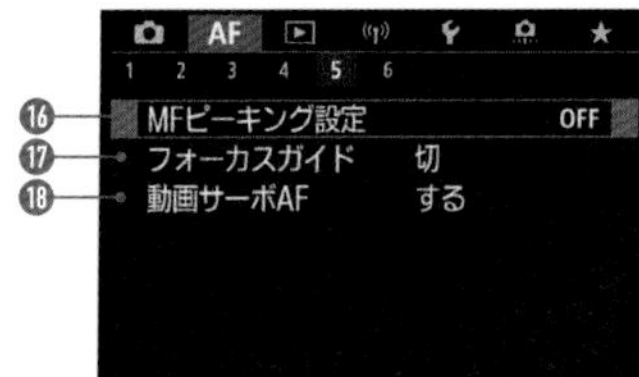

[AF6]

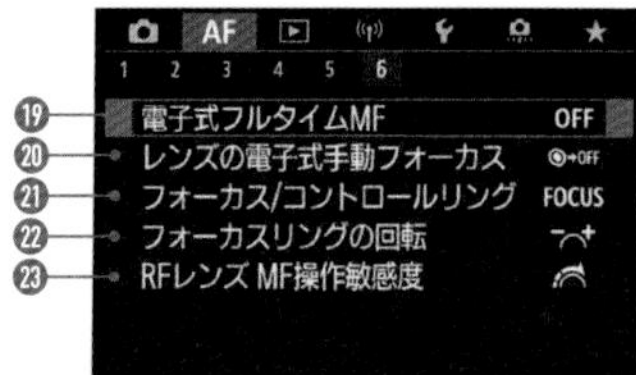

⑯ MFピーキング設定	ピントが合った被写体の輪郭を色つきの強調表示にすることができる。
⑰ フォーカスガイド	現在のフォーカス位置から合焦位置への調整方向と調整量を、ガイド枠で視覚的に表示することができる。
⑱ 動画サーボAF	動画撮影時に被写体に対して常にピントを合わせ続ける機能。
⑲ 電子式フルタイムMF	電子式フォーカスリングによる手動ピント調整の動作を設定することができる。
⑳ レンズの電子式手動フォーカス	電子式の手動フォーカス機能を備えたレンズを使用した場合、ワンショットAFを行ったときの手動ピント調整の設定ができる。
㉑ フォーカス/コントロールリング	レンズのフォーカスとコントロールリングの機能の切り換えを設定することができる。
㉒ フォーカスリングの回転	RFレンズのフォーカスリングの設定方向を反転させることができる。
㉓ RFレンズ MF操作敏感度	RFレンズのフォーカスリングを操作するときの感度を設定することができる。

▶:再生

[▶1]

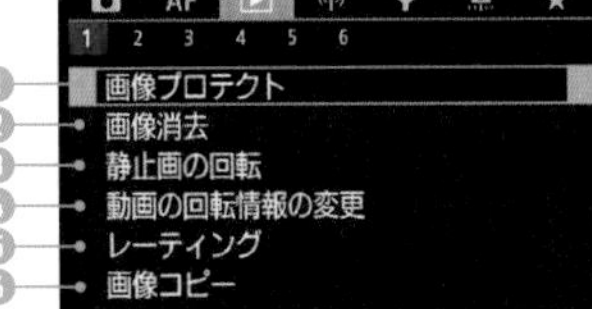

[▶2]

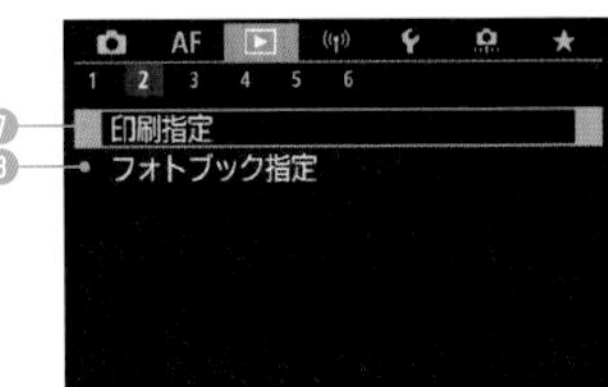

❶ 画像プロテクト	画像を誤って消去しないように、プロテクト(保護)することができる。
❷ 画像消去	不要な画像を1枚ずつ選んで消去したり、まとめて消去したりすることができる。なお、プロテクトをかけた画像は消去されない。
❸ 静止画の回転	画像が表示される向きを回転させることができる。
❹ 動画の回転情報の変更	動画再生時の回転情報(上の向きの情報)を手動で書き換えることができる。
❺ レーティング	撮影した画像に、5種類のお気に入りマーク(レーティング)を付加することができる。
❻ 画像コピー	カードに記録されている画像を、もう一方のカードにコピー(複製保存)することができる。
❼ 印刷指定	複数の画像を一度に印刷したいときや、写真店に印刷注文する際に使用する機能。
❽ フォトブック指定	フォトブックにする画像を指定(最大998枚)することができる。EOS用ソフトウェアのEOS Utilityを使ってパソコンに取り込むと、フォトブック指定した画像が専用のフォルダにコピーされる。

[▶3]

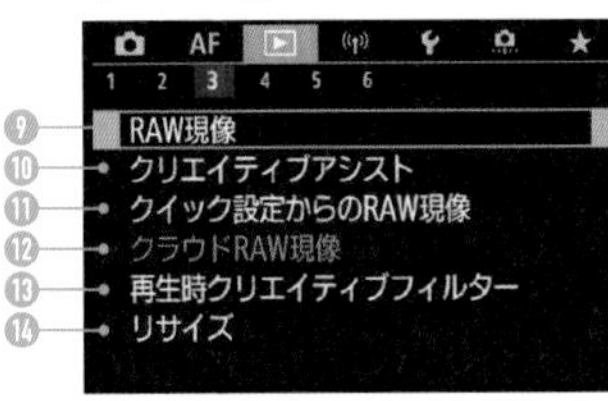

[▶4]

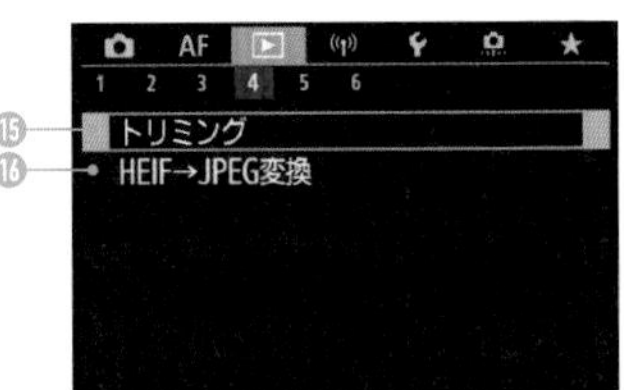

❾ RAW現像	RAWまたはCRAWで撮影した画像をカメラで現像して、JPEG画像やHEIF画像を作ることができる。
❿ クリエイティブアシスト	RAW画像を現像して、好みの効果を付けたJPEG画像を作成することができる。
⓫ クイック設定からのRAW現像	クイック設定画面から行うRAW現像の種類を選ぶことができる。
⓬ クラウドRAW現像	RAWまたはCRAWで撮影した画像をimage.canonへ送信し、JPEG画像やHEIF画像を作ることができる。

⑬ 再生時クリエイティブフィルター	撮影した静止画に、ラフモノクロ／ソフトフォーカス／魚眼風／油彩風／水彩風／トイカメラ風／ジオラマ風のフィルター処理を行い、別画像として保存することができる。
⑭ リサイズ	撮影したJPEG画像、HEIF画像の画素数を少なくして、別画像として保存することができる。
⑮ トリミング	撮影したJPEG画像を部分的に切り抜いて、別画像として保存することができる。
⑯ HEIF→JPEG変換	HDR設定で撮影したHEIF画像を、JPEG画像に変換して保存することができる。

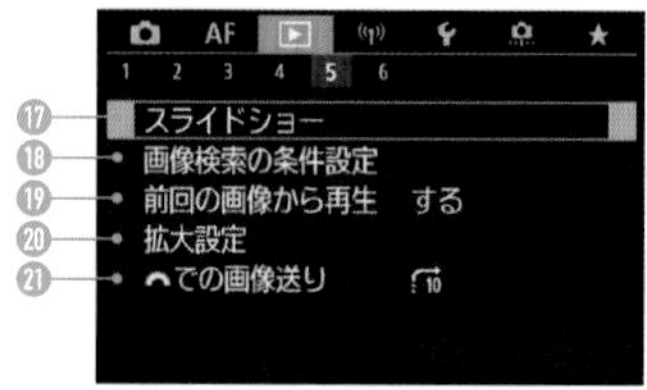

[▶6]

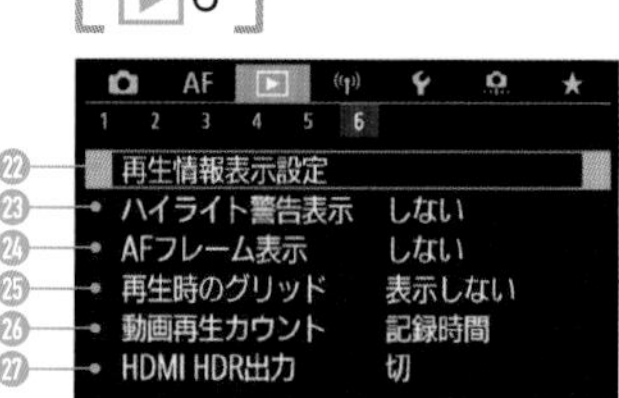

⑰ スライドショー	カードに記録されている画像を自動で連続再生することができる。
⑱ 画像検索の条件設定	再生する画像を条件で絞り込むことができる。検索条件を設定して画像を再生すると、条件に該当する画像だけが表示される。
⑲ 前回の画像から再生	画像を再生すると、前回再生したときに最後に表示されていた画像が最初に表示されるように設定することができる。
⑳ 拡大設定	拡大表示を開始時の表示倍率と拡大位置を設定することができる。
㉑ での画像送り	1枚表示のときにメイン電子ダイヤルを回すと、指定した方法で前後に画像を飛ばして表示（ジャンプ表示）を設定することができる。
㉒ 再生情報表示設定	画像の再生時に表示する画面と、表示する内容（情報）を任意に設定することができる。
㉓ ハイライト警告表示	再生画面に、露出オーバーで白飛びした部分を点滅表示することができる。
㉔ AFフレーム表示	再生画面に、ピント合わせを行ったAFフレームを赤い枠で表示することができる。
㉕ 再生時のグリッド	静止画を1枚表示するときに、再生画像に重ねてグリッド（格子線）を表示することができる。
㉖ 動画再生カウント	動画再生画面に表示する内容を「記録時間」「タイムコード」から選ぶことができる。
㉗ HDMI HDR出力	HDR対応テレビにカメラをつないで、RAW画像やHEIF画像をHDR表示で見ることができる。

((φ)) : 無線通信機能

[((φ)) 1]

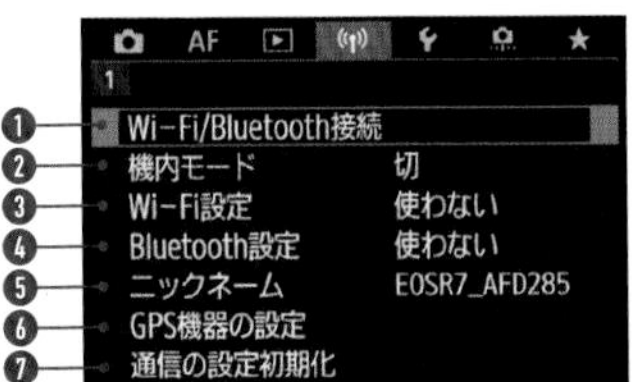

❶ Wi-Fi/Bluetooth接続	Wi-FiやBluetoothを使用した接続機器を「スマートフォンと通信」「EOS Utilityでリモート操作」「Wi-Fi対応プリンターで印刷」「Webサービスへ画像を送信」「ワイヤレスリモコンと接続」から選択して、各項目の設定をすることができる。
❷ 機内モード	Wi-Fi機能、Bluetooth機能を一時的にオフにすることができる。
❸ Wi-Fi設定	Wi-Fi使用の有無や、「接続先履歴の表示」「スマートフォンへの撮影時画像送信」「MACアドレス」など、Wi-Fi使用に関する項目を設定することができる。
❹ Bluetooth設定	Bluetooth使用の有無や、「接続先情報の確認」「Bluetoothアドレス」など、Bluetooth使用に関する項目を設定することができる。
❺ ニックネーム	スマートフォンやカメラで表示される、このカメラのニックネームを変更することができる。
❻ GPS機器の設定	撮影時にGPSレシーバー GP-E2（別売）やBluetooth対応スマートフォンなどのGPS機器を使用して、画像に位置情報を付加する際の設定をすることができる。
❼ 通信の設定初期化	無線通信の設定をすべて削除できる。カメラを貸与したり譲渡したときに、無線通信の設定情報が流出することを防ぐ機能。

🔧：機能設定

［🔧1］

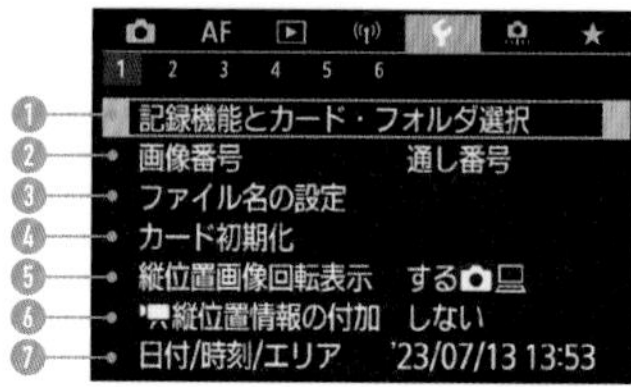

［🔧2］

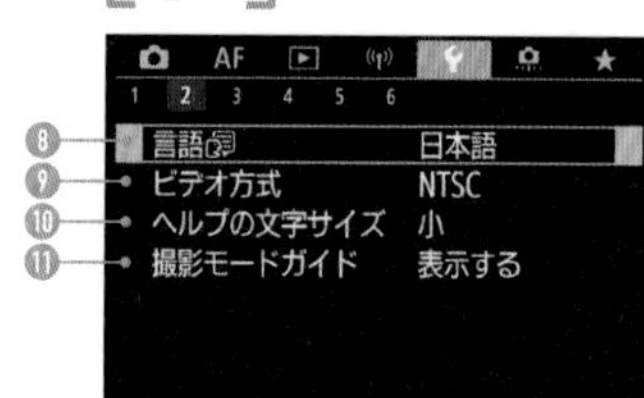

① 記録機能とカード・フォルダ選択	カードを2枚入れたときの記録方法や再生するカードの選択、フォルダの作成やフォルダ名の変更などができる。
② 画像番号	撮影画像が記録される際に振られる番号について選択する機能。カード交換やフォルダ作成、カードの変更を行っても、画像番号9999の画像ができるまで、連続した番号が付けられ保存される「通し番号」、カード交換やフォルダ作成、カードの変更を行うと、画像番号0001から順に番号が付けられ保存される「オートリセット」、新しいフォルダが作られ、そのフォルダに画像番号0001から順に番号が付けられ、保存される「強制リセット」から選択することができる。
③ ファイル名の設定	ファイル名を任意に変更することができる。任意の4文字を登録することができる「ユーザー設定1」、任意の3文字を登録して撮影すると、先頭から4文字目に画像サイズが自動的に付加される「ユーザー設定2」から選択できる。
④ カード初期化	新しく買ったカードや、他のカメラ、パソコンで初期化したカードを初期化(フォーマット)することができる。
⑤ 縦位置画像回転表示	縦位置で撮影した画像を再生または表示するときの自動回転の設定を変更することができる。
⑥ 縦位置情報の付加	カメラを縦位置にして撮影した動画をスマートフォンなどで再生したときに、動画が撮影したときと同じ向き(縦位置)で再生されるように、撮影時に回転情報(上の向きの情報)を自動付加するかどうかを設定することができる。
⑦ 日付/時刻/エリア	日付、時刻、エリアを設定することができる。エリアから設定しておくと、エリア設定を変更するだけで、そのエリアの日付、時刻に変更される。
⑧ 言語	カメラで使用する言語を「日本語」「English」から選択することができる。
⑨ ビデオ方式	テレビの映像方式を「NTSC」「PAL」から選択して、設定することができる。
⑩ ヘルプの文字サイズ	INFOボタンを押したときに表示される機能説明の文字サイズを「小」「標準」から選択して、設定することができる。
⑪ 撮影モードガイド	撮影モードを変更したときに、表示される撮影モードの説明(撮影モードガイド)を「表示する」「表示しない」から選択して、設定することができる。

[3]

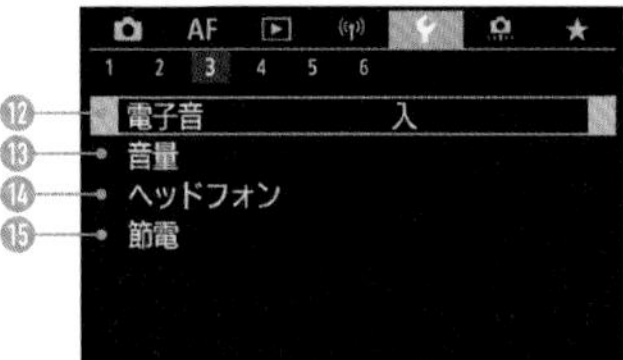

[4]

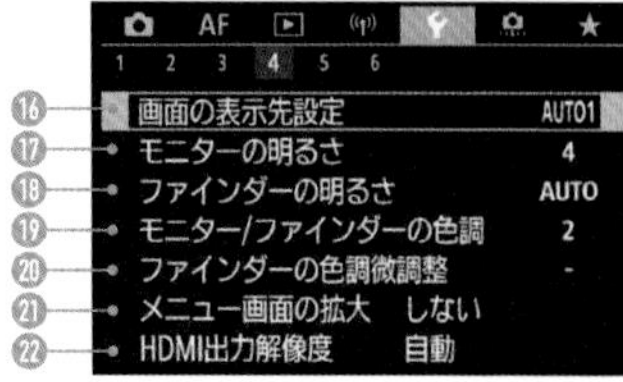

⑫ 電子音	ピントが合った音、セルフタイマー音、シャッター音、およびタッチ操作時の電子音などを消すことができる。
⑬ 音量	カメラの各種動作音の音量を変更することができる。
⑭ ヘッドフォン	ヘッドフォンをした際の音量を調整することができる。
⑮ 節電	カメラを操作しない場合に、自動でオフになるまでの時間を設定できる。設定できるのは「モニターオフ」「オートパワーオフ」「ファインダーオフ」の3つ。
⑯ 画面の表示先設定	モニターを開いているときに、ファインダーオンセンサーが反応することを防ぐために画面の表示先を設定することができる。
⑰ モニターの明るさ	モニターの明るさを調整することができる。
⑱ ファインダーの明るさ	ファインダーの明るさを調整することができる。
⑲ モニター/ファインダーの色調	モニター、ファインダーの色調を調整することができる。
⑳ ファインダーの色調微調整	ファインダーの色調を微調整することができる。
㉑ メニュー画面の拡大	指2本でメニュー画面をダブルタップすると、メニュー画面を拡大して表示することができる機能。
㉒ HDMI出力解像度	カメラとテレビや外部記録機器などを、HDMIケーブルで接続して映像を出力するときの解像度を設定することができる。

[5]

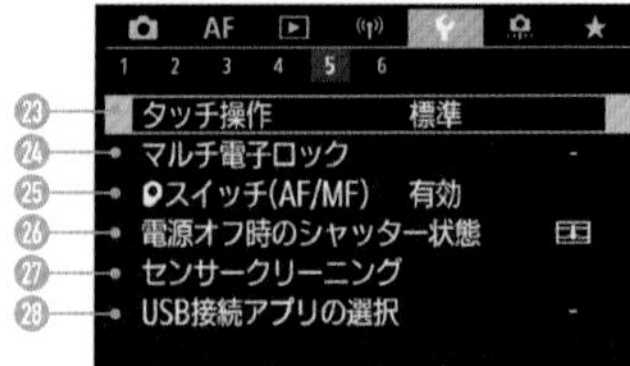

AF
1 2 3 4 5 6
㉙ カメラの初期化
㉚ カスタム撮影モード（C1–C3）
㉛ バッテリー情報
㉜ 著作権情報
㉝ 使用説明書・ソフトウェア URL
㉞ 認証マーク表示
㉟ ファームウェア Ver. 1.3.0

㉓ タッチ操作	タッチ操作の感度を調整することができる。
㉔ マルチ電子ロック	マルチ電子ロック機能をオンにしたときに操作を禁止する操作部材を設定することができる。
㉕ スイッチ(AF/MF)	フォーカスモードスイッチがないRFレンズを取り付けたときの、カメラのフォーカスモードスイッチの動作を設定することができる。
㉖ 電源オフ時のシャッター状態	カメラの電源スイッチを電源オフにしたときに、シャッターを閉じるか閉じないかの設定をすることができる。
㉗ センサークリーニング	撮像素子前面を清掃する、センサークリーニング機能に関する設定を変更することができる。
㉘ USB接続アプリの選択	カメラとスマートフォンやパソコンをインターフェースケーブルで接続したときの動作を設定できる。
㉙ カメラの初期化	撮影機能やメニュー機能の設定を初期状態に戻すことができる。
㉚ カスタム撮影モード(C1-C3)	撮影機能やメニュー機能、カスタム機能など、現在カメラに設定されている内容を撮影モードのカスタム撮影モードC1〜C3にカスタム撮影モードとして登録することができる。
㉛ バッテリー情報	使用しているバッテリーの状態を確認することができる。複数のバッテリーをカメラに登録すると登録済みのバッテリーのおおよその残量や、使用履歴を確認することもできる。
㉜ 著作権情報	著作権情報の設定を行うと、その内容をExif情報として画像に記録することができる。
㉝ 使用説明書・ソフトウェア URL	表示されるQRコードをスマートフォンで読み取り、使用説明書をダウンロードすることができる。表示されるURLのWebサイトにパソコンでアクセスするとソフトウェアをダウンロードすることもできる。
㉞ 認証マーク表示	カメラが対応している認証マークの一部を確認することができる。
㉟ ファームウェア	このカメラまたは使用中のレンズなどの対応アクセサリーのファームウェアをアップデートすることができる。

:カスタム機能

[1]

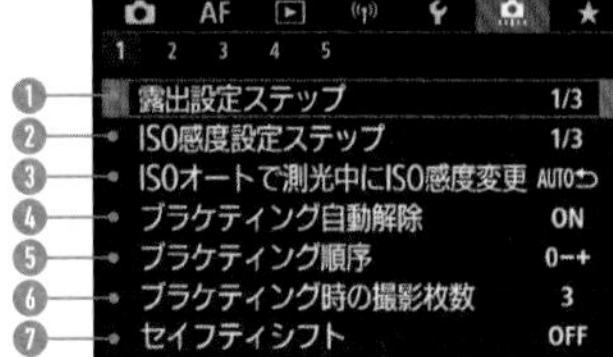

[2]

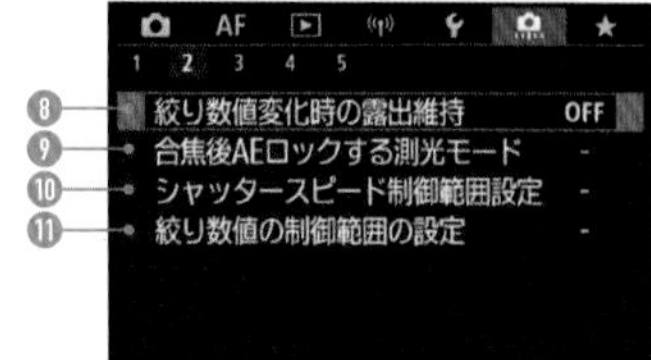

❶ 露出設定ステップ	シャッタースピードと絞り数値、および露出補正、AEB、ストロボ調光補正などの設定ステップを「1/3」か「1/2」段ステップのいずれかに変更することができる。
❷ ISO感度設定ステップ	ISO感度の手動設定ステップを「1/3」か「1」段ステップのいずれかに変更することができる。
❸ ISOオートで測光中に ISO感度変更	「プログラムAE」「シャッター優先AE」「絞り優先AE」「マニュアル露出」「バルブモード」で、ISO感度がオートのときに測光中または測光タイマー中に、ISO感度を変更した場合に、測光タイマー完了後のISO感度の状態を設定することができる。
❹ ブラケティング自動解除	電源スイッチを電源オフにしたときの、AEBとWBブラケティングの解除を設定することができる。
❺ ブラケティング順序	AEBの撮影順序とWBブラケティング撮影時の画像の記録順序を変更することができる。
❻ ブラケティング時の 撮影枚数	AEB撮影、WBブラケティング撮影時の撮影枚数を変更することができる。
❼ セイフティシフト	被写体の明るさが変化して自動露出で標準露出が得られる範囲を超えたとき、手動設定値をカメラが自動的に変更して、標準露出で撮影することができる機能。シャッタースピード、絞り数値は「シャッター優先AE」「絞り優先AEモード」で機能し、ISO感度は「プログラムAE」「シャッター優先AE」「絞り優先AEモード」で機能する。
❽ 絞り数値変化時の 露出維持	マニュアル露出モード+ISO感度任意設定時に(ISOオート設定時を除く)、レンズの交換やエクステンダーの装着、開放絞り数値が変化するズームレンズを使用した際、開放絞り数値が大きい数値に変化しないように、ISO感度、シャッタースピードを自動的に変更して同じ露出で撮影することができる機能。
❾ 合焦後AEロックする 測光モード	ワンショットAFでピントが合ったときに露出を固定(AEロック)するかどうかを測光モードごとに設定することができる。
❿ シャッタースピード 制御範囲設定	シャッタースピードの制御範囲をシャッター方式ごとに設定することができる。メカシャッターと電子先幕では低速側:30秒~1/4000秒、高速側:1/8000~15秒の範囲で設定することができる。電子シャッターは低速側:30秒~1/8000秒、高速側:1/16000~15秒の範囲で設定することができる。
⓫ 絞り数値の 制御範囲の設定	絞り数値の制御範囲を設定することができる。開放側はF1.0~F64の範囲、小絞り側はF1.4~F91の範囲で設定することができる。

[3]

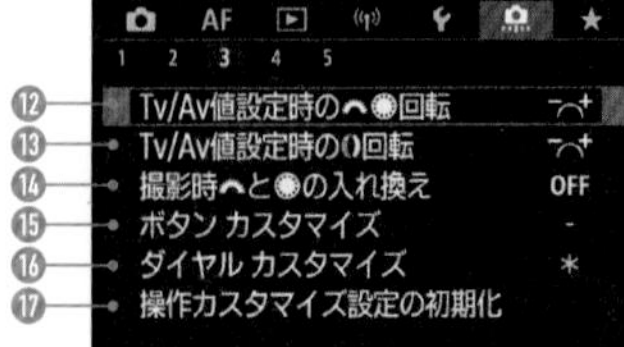

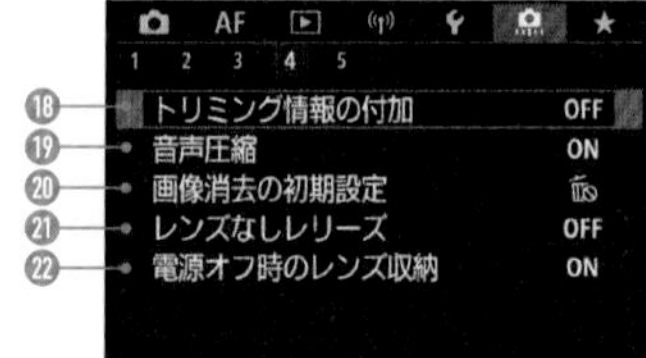

⑫ Tv/Av値設定時の回転	シャッタースピード、絞り数値設定時のダイヤルによる設定方向を反転させることができる。
⑬ Tv/Av値設定時の回転	シャッタースピード、絞り数値設定時のRFレンズやマウントアダプターのコントロールリングによる設定方向を反転させることができる。
⑭ 撮影時との入れ換え	メイン電子ダイヤルとサブ電子ダイヤルに割り当てた機能を入れ換えることができる。
⑮ ボタン カスタマイズ	よく使う機能を、自分が操作しやすいボタンに割り当てることができる。
⑯ ダイヤル カスタマイズ	よく使う機能を、自分が操作しやすいダイヤルに割り当てることができる。
⑰ 操作カスタマイズ設定の初期化	「ボタン カスタマイズ」と「ダイヤル カスタマイズ」の設定を初期化できる。
⑱ トリミング情報の付加	撮影時に設定した比率に応じた縦線が画面に表示され、6×6cm、4×5inchなど、中判／大判カメラと同じ構図で撮影することができる機能。比率は「6:6」「3:4」「4:5」「6:7」「5:6」「5:7」から選択することができる。
⑲ 音声圧縮	動画撮影時の音声データの圧縮を設定することができる。
⑳ 画像消去の初期設定	画像再生時や撮影直後の画像表示中に消去ボタンを押して表示される消去メニューに選択する項目を設定することができる。
㉑ レンズなしレリーズ	レンズを取り付けていないときに、静止画撮影や動画撮影を許可するかどうかを設定することができる。
㉒ 電源オフ時のレンズ収納	カメラの電源スイッチを電源オフにしたときに、ギアタイプのSTMレンズの繰り出している部分の自動収納を設定することができる。

[5]

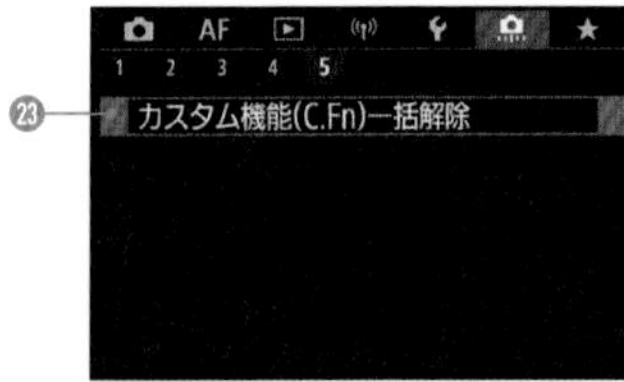

㉓ カスタム機能(C.Fn)一括解除	「ボタン カスタマイズ」と「ダイヤル カスタマイズ」以外のカスタム機能の設定を一括で解除することができる。

★：マイメニュー

[★1]

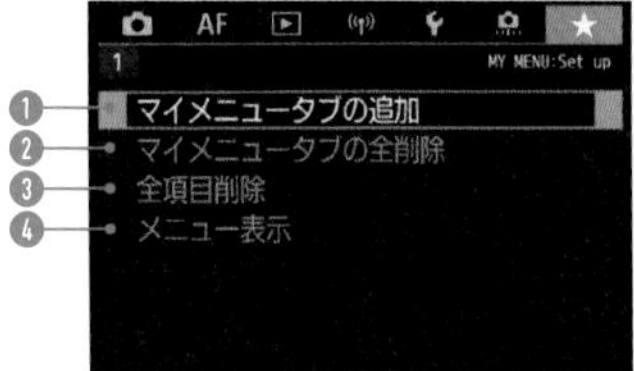

❶ **マイメニュータブの追加**	マイメニュータブの追加ができる。最大5個まで追加可能。
❷ **マイメニュータブの全削除**	作成したすべてのマイメニュータブの削除ができる。
❸ **全項目削除**	マイメニュータブに登録されている項目だけを、すべて削除することができる。
❹ **メニュー表示**	MENUボタンを押したときに表示する画面を設定することができる。

INDEX

な

は

ま

ら

わ

■ お問い合わせの例

FAX

1 お名前
技評 太郎

2 返信先の住所またはFAX番号
03-××××-××××

3 書名
今すぐ使えるかんたんmini
Canon EOS R7 完全活用マニュアル

4 本書の該当ページ
25ページ

5 ご質問内容
モニター表示を変更できない

今すぐ使えるかんたんmini Canon EOS R7 完全活用マニュアル

2023年12月6日 初版 第1刷発行

著者 河野鉄平+MOSH books
発行者 片岡 巌
発行所 株式会社技術評論社
東京都新宿区市谷左内町21-13
電話 03-3513-6150 販売促進部
03-3513-6160 書籍編集部

編集 青木宏治／MOSH books
作例 河野鉄平
物撮り撮影 山本一維
モデル 森 菜津子
（スペースクラフト・エージェンシー株式会社）
カバーデザイン 田邉恵里香
カバー撮影 和田高広
本文デザイン Zapp!
イラスト 吉田たつちか
協力 キヤノンマーケティングジャパン株式会社
撮影協力 AWABEES（撮影用小道具）
製本／印刷 図書印刷株式会社

定価はカバーに表示してあります。

ISBN978-4-297-13817-2 C3055
Printed in Japan

お問い合わせについて

本書に関するご質問については、本書に記載されている内容に関するもののみとさせていただきます。本書の内容と関係のないご質問につきましては、一切お答えできませんので、あらかじめご了承ください。また、電話でのご質問は受け付けておりませんので、必ずFAXか書面、Webフォームにて下記までお送りください。
なお、ご質問の際には、必ず以下の項目を明記していただきますようお願いいたします。

1 お名前
2 返信先の住所またはFAX番号
3 書名
（今すぐ使えるかんたんmini
Canon EOS R7 完全活用マニュアル）
4 本書の該当ページ
5 ご質問内容

なお、お送りいただいたご質問には、できる限り迅速にお答えできるよう努力いたしておりますが、場合によってはお答えするまでに時間がかかることがあります。また、回答の期日をご指定なさっても、ご希望にお応えできるとは限りません。あらかじめご了承くださいますよう、お願いいたします。ご質問の際に記載いただきました個人情報は、回答後速やかに破棄させていただきます。

問い合わせ先

〒162-0846
東京都新宿区市谷左内町21-13
株式会社技術評論社 書籍編集部
「今すぐ使えるかんたんmini
Canon EOS R7 完全活用マニュアル」質問係

FAX番号
03-3513-6167

Webお問い合わせURL
https://book.gihyo.jp/116
※Webブラウザーに上記URLを入力すると、書籍のお問い合わせフォームが表示されます。